Adobe InDesign CC
版式设计与制作案例实战

纪铖　张启蒙　付猛　主编

清华大学出版社

北京

内 容 简 介

本书以学以致用为写作出发点，系统并详细地讲解了 InDesign 2020 排版软件的使用方法和操作技巧。

全书共分 7 章，包括企业名片设计——InDesign 基础操作，粽子包装设计——图形与路径的基本操作，西餐厅宣传单页设计——图片与页面处理，小说书籍封面设计——文字的处理，旅游杂志内页设计——图文混排与段落文本，简约台历设计——设置制表符和表，课程设计。

本书由浅入深、循序渐进地介绍了 InDesign 2020 的使用方法和操作技巧。每章都围绕案例精讲 + 实战 + 课后项目练习来介绍，便于提高和拓宽读者对 InDesign 2020 基本功能的掌握与应用。

本书内容翔实，结构清晰，语言流畅，实例分析透彻，操作步骤简洁实用，既适合广大初学 InDesign 2020 的用户使用，也可作为各类高等院校相关专业的教材。

图书在版编目(CIP)数据

Adobe InDesign CC 版式设计与制作案例实战 / 纪铖，张启蒙，付猛主编. —北京：清华大学出版社，2022.7（2024.8 重印）

ISBN 978-7-302-60479-2

Ⅰ. ①A… Ⅱ. ①纪… ②张… ③付… Ⅲ. ①电子排版－应用软件 Ⅳ. ①TS803.23

中国版本图书馆CIP数据核字（2022）第055419号

责任编辑：李玉茹
封面设计：李 坤
责任校对：鲁海涛
责任印制：刘 菲

出版发行：清华大学出版社

网　　　址：https://www.tup.com.cn, https://www.wqxuetang.com

地　　　址：北京清华大学学研大厦A座　　　邮　　编：100084

社 总 机：010-83470000　　　邮　　购：010-62786544

投稿与读者服务：010-62776969，c-service@tup.tsinghua.edu.cn

质量反馈：010-62772015，zhiliang@tup.tsinghua.edu.cn

印 装 者：三河市龙大印装有限公司

经　　销：全国新华书店

开　　本：185mm×260mm　　　印　　张：14.5　　　插　　页：1　　　字　　数：346千字

版　　次：2022年8月第1版　　　印　　次：2024年8月第2次印刷

定　　价：79.00 元

产品编号：092836-01

企业名片设计

西餐厅宣传单页设计

工作证设计

手机日历

中式菜单设计

调整图片大小

简约台历设计

彩插——案例欣赏

粘贴文本

月饼盒包装设计

投影

旅游杂志内页设计

小说书籍封面设计

文艺类书籍封面设计

旋转文本

粽子包装设计

手表广告

将复合形状作为图形框架

前言

InDesign 是一款定位于专业排版领域的设计软件，也是面向公司专业出版方案的新平台。该软件为用户提供了专业的布局和排版工具，基于一个开放的面向对象体系，可实现高度的扩展性。

Adobe InDesign 整合了多种关键技术，包括所有 Adobe 专业软件拥有非常丰富的排版、图像、图形、表格等素材，能很好地满足用户制作各种杂志、广告设计、日录、报纸等内容来进行印刷，非常强大，可满足用户的任何使用需求。

所谓版面编排设计就是把已处理好的文字、图像、图形通过赏心悦目的安排，以达到突出主题的目的。因此，在编排期间文字处理是影响创作发挥和工作效率的重要环节，能否灵活处理文字非常关键，InDesign 在这方面的优越性表现得淋漓尽致。

本书内容

本书以学以致用为写作出发点，系统并详细地讲解了 InDesign 排版软件的使用方法和操作技巧。

全书共分 7 章，包括企业名片设计——InDesign 基础操作，粽子包装设计——图形与路径的基本操作，西餐厅宣传单页设计——图片与页面处理，小说书籍封面设计——文字的处理，旅游杂志内页设计——图文混排与段落文本，简约台历设计——设置制表符和表，课程设计。

本书内容几乎覆盖了 InDesign 全部工具、命令的相关功能，既适合广大初学 InDesign 2020 的用户使用，也可作为各类高等院校相关专业的教材。

本书特色

本书面向 InDesign 的初、中级用户，采用由浅入深、循序渐进的讲述方法，内容丰富。

1. 本书案例丰富，讲解极为详细，为的是能让读者深入理解、灵活运用。

2. 每个案例都是经过编者精心挑选的，可以引导读者发挥想象力，调动学习的积极性。

3. 案例实用，技术含量高，与实践紧密结合。

4. 配套资源丰富，方便教学。

海量的电子学习资源和素材

本书附带大量的学习资料和视频教程，下面截图给出部分概览。

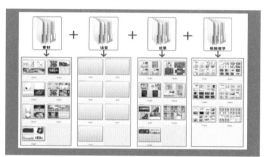

本书附带所有案例的素材文件、场景文件、效果文件、多媒体有声视频教学录像，读者在读完本书内容以后，可以调用这些资源进行深入学习。

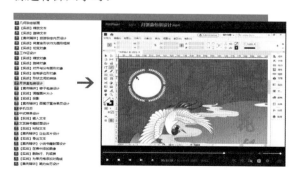

本书约定

为便于阅读理解，本书的写作风格遵从如下约定。

书中出现的中文菜单和命令将用"【】"括起来，以示区分。此外，为了使语句更简洁易懂，本书中所有的菜单和命令之间以竖线（|）分隔。例如，单击【编辑】菜单，再选择【复制】命令，就用【编辑】|【复制】来表示。

用加号 (+) 连接的两个或 3 个键表示组合键，在操作时表示同时按下这两个或 3 个键。例如，Ctrl+V 是指在按下 Ctrl 键的同时，按下 V 字母键；Ctrl+Alt+F10 是指在按下 Ctrl 键和 Alt 键的同时，按下功能键 F10。

在没有特殊指定时，单击、双击和拖动是指用鼠标左键单击、双击和拖动，右击是指用鼠标右键单击。

读者对象

1. InDesign 初学者。

2. 大、中专院校和社会培训班平面设计及其相关专业的学生。

3. 平面设计从业人员。

致谢

本书的出版可以说凝结了许多优秀教师的心血，在这里衷心感谢对本书出版过程给予帮助的编辑老师、视频测试老师，感谢你们！

本书由黑龙江财经学院的纪铖、张启蒙、付猛编写，其中纪铖编写第 1~3 章，张启蒙编写第 4~5 章，付猛编写第 6~7 章。

在创作的过程中，由于时间仓促，错误在所难免，希望广大读者批评、指正。

编　者

目 录

第 1 章 企业名片设计——InDesign 基础操作

第2章 粽子包装设计——图形与路径的基本操作

第3章 西餐厅宣传单页设计——图片与页面处理

第4章 小说书籍封面设计——文字的处理

第5章　旅游杂志内页设计——图文混排与段落文本

第6章　简约台历设计——设置制表符和表

第7章　课程设计

附录　常用快捷键

参考文献

第1章

企业名片设计——InDesign 基础操作

　　本章主要对 InDesign 2020 进行简单的介绍，其中包括 InDesign 2020 的工作区、辅助工具、版面设置等内容。通过对本章的学习，使用户对 InDesign 2020 有一个初步的认识，为后面章节的学习奠定良好的基础。

案例精讲
企业名片设计

为了更好地完成本设计案例，现对制作要求及设计内容做如下规划，效果如图 1-1 所示。

作品名称	企业名片设计
作品尺寸	89 毫米 ×54 毫米
设计创意	（1）通过【多边形工具】【钢笔工具】等工具绘制图形，使名片更加富有设计感。 （2）通过【文字工具】完善名片内容。
主要元素	（1）名片背景； （2）Logo； （3）图标； （4）文字。
应用软件	InDesign 2020
素材	素材 \Cha01\ 企业名片素材 .indd
场景	场景 \Cha01\【案例精讲】企业名片设计 .indd
视频	视频教学 \Cha01\【案例精讲】企业名片设计 .mp4
企业名片设计效果欣赏	图 1-1
备注	

01 按 Ctrl+O 组合键，弹出【打开文件】对话框，选择"素材 \Cha01\ 企业名片素材 .indd"文件，如图 1-2 所示。

02 单击【打开】按钮，即可打开选择的素材，效果如图 1-3 所示。

03 在工具箱中单击【多边形工具】按钮 ⬡，在文档窗口中单击，在弹出的【多边形】对话框中将【边数】设置为 6，单击【确定】按钮，如图 1-4 所示，即可创建一个六边形。

图 1-2

图 1-3

图 1-4

04 按 F6 键打开【颜色】面板,将【填色】设置为#109ec7,【描边】设置为白色,在【描边】面板中将【粗细】设置为3点,在控制栏中将W、H分别设置为15毫米、10毫米,并调整其位置,如图1-5所示。

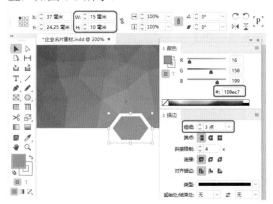

图 1-5

提示:在菜单栏中选择【窗口】|【控制】命令或按Ctrl+Alt+6组合键,可打开控制栏。

05 单击工具箱中的【钢笔工具】按钮 ✎ ,在文档窗口中绘制图形,将【填色】设置为白色,【描边】设置为无,并将其调整至合适的位置,如图1-6所示。

06 按住 Alt 键的同时单击鼠标左键,向右拖动绘制的图形,对其进行复制,并调整其位置。

继续使用【钢笔工具】绘制其他图形,并对其进行相应的设置,如图1-7所示。

图 1-6

图 1-7

07 单击工具箱中的【矩形工具】按钮 ▭ ,在文档窗口中绘制矩形,将【填色】设置为白色,【描边】设置为无,W、H均设置为1.3毫米,如图1-8所示。

图 1-8

08 使用同样的方法绘制其他矩形,并对其进行相应的设置,调整至合适的位置。选中绘制的图形,按Ctrl+G组合键将其编组,如图1-9所示。

图 1-9

09 单击工具箱中的【文字工具】按钮 **T**，在文档窗口中拖曳鼠标绘制文本框，输入文本并将其选中，将【字体】设置为【长城新艺体】，【字体大小】设置为 16 点，【填色】设置为白色，如图 1-10 所示。

图 1-10

10 使用【文字工具】在文档窗口中拖曳鼠标绘制文本框，输入文本并将其选中，将【字体】设置为【Adobe 黑体 Std】，【字体大小】设置为 9 点，【水平缩放】设置为 103%，【填色】设置为白色，如图 1-11 所示。

图 1-11

提示：在菜单栏中选择【窗口】|【文字和表】|【字符】命令或按 Ctrl+T 组合键，可打开【字符】面板。

11 使用同样的方法输入其他文本，并对其进行相应的设置，如图 1-12 所示。

图 1-12

12 单击工具箱中的【直线工具】按钮 ╱，在文档窗口中按住 Shift 键绘制一条垂直线段，在控制栏中将 L 设置为 5 毫米，【描边】设置为【纸色】，【描边粗细】设置为 0.8 点，设置完成后调整其位置，如图 1-13 所示。

图 1-13

13 单击工具箱中的【钢笔工具】按钮 ✎，在文档窗口中绘制图形，将【填色】设置为 #009ec7，【描边】设置为无，如图 1-14 所示。

图 1-14

14 再次使用【钢笔工具】绘制图形,将【填色】设置为【纸色】,【描边】设置为无,设置完成后调整图形位置,如图 1-15 所示。

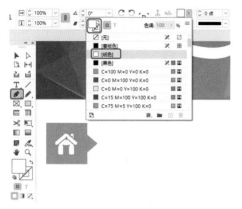

图 1-15

15 按住 Shift 键选中所绘制的图形,按 Ctrl+G 组合键将其编组。单击工具箱中的【文字工具】按钮,拖曳鼠标绘制文本框并输入文本,将【字体】设置为【黑体】,【字体大小】设置为 10 点,【填色】设置为 #009ec7,如图 1-16 所示。

图 1-16

16 根据前文介绍的方法绘制其他图形与文本,并对其进行设置,如图 1-17 所示。

图 1-17

17 选中 Logo,按 Ctrl+C 组合键将其复制,在【页面】面板中双击页面 2,并按 Ctrl+V 组合键将 Logo 粘贴,按住 Shift 键的同时向

外拖曳 Logo 的控制点,将其放大,并调整其位置,如图 1-18 所示。

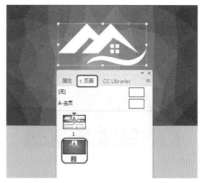

图 1-18

18 单击工具箱中的【文字工具】按钮,在文档窗口中绘制文本框,输入文本,将【字体】设置为【长城新艺体】,【字体大小】设置为 16 点,在【颜色】面板中将【填色】设置为白色。使用同样的方法输入其他文本,将【字体】设置为【Adobe 黑体 Std】,【字体大小】设置为 9 点,【水平缩放】设置为 103%,【填色】设置为白色,如图 1-19 所示。

图 1-19

1.1 启动和退出 InDesign 2020

如果要启动 InDesign 2020 ,可选择【开始】|Adobe InDesign 2020命令,如图 1-20 所示。除此之外,用户还可在桌面上双击该程序的图标,或双击与 InDesign 2020 相关的文档。

图 1-20

如果要退出 InDesign 2020，可在程序窗口中单击【文件】菜单，在弹出的下拉菜单中选择【退出】命令，如图 1-21 所示。

除以上方法外，执行下列操作也可以退出 InDesign 2020。

◎ 单击 InDesign 2020 程序窗口右上角的 ✕ 按钮。

◎ 双击 InDesign 2020 程序窗口左上角的 Id 图标。

◎ 按 Alt+F4 组合键。

◎ 按 Ctrl+Q 组合键。

图 1-21

1.2 InDesign 2020 工作区的介绍

InDesign 2020 工作区是由文档窗口、工具箱、面板、菜单栏、控制栏和状态栏等组成的，如图 1-22 所示。

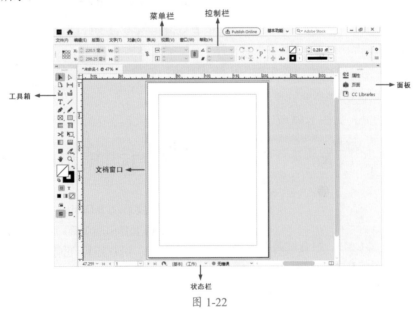

图 1-22

■ 1.2.1　工具箱

InDesign 2020 工具箱中包含大量用于创建、选择和处理对象的工具。最初启动 InDesign 2020 时，工具箱会以一列的形式出现在 InDesign 2020 工作界面的左侧，单击工具箱上的双箭头按钮 ▶▶，可以将工具箱转换为两列，在菜单栏中选择【窗口】|【工具】命令，如图 1-23 所示，可以打开或者隐藏工具箱。

图 1-23

提示：按键盘上的 Tab 键，也可以隐藏或显示工具箱，但是会将所有的面板一起隐藏。

用鼠标单击工具箱中的某种工具或者按键盘上的快捷键，便可以选中该工具。当光标移动到工具上时，会显示出该工具的名称和相应的快捷键。

在工具箱中有些工具是隐藏的，用鼠标左键按住按钮不放或右击鼠标，可以显示隐藏的工具按钮，如图 1-24 所示。显示出隐藏的工具后，将光标移动到要选择的工具上方，释放鼠标左键即可选中该工具。

图 1-24

■ 1.2.2　菜单栏

InDesign 2020 共由 9 个命令菜单组成，分别为【文件】【编辑】【版面】【文字】【对象】【表】【视图】【窗口】和【帮助】，每个菜单中都包含不同的命令。

单击菜单名称或按 Alt 键 + 菜单名称后面的字母，即可打开相应的菜单。例如，要选择【版面】菜单，可以按住键盘上的 Alt 键不放，再按键盘上的 L 键，即可打开【版面】菜单，如图 1-25 所示。

图 1-25

打开某些菜单后，可以发现有些命令后面有箭头标记，将光标放置在该命令上，会显示该命令的子菜单，如图1-26所示。选择子菜单中的一个命令即可执行该命令，有些命令后面附有快捷键，按下该快捷键可快速执行此命令。

图 1-26

有些命令后面只有字母，没有快捷键。要通过快捷方式执行这些命令，可以按 Alt 键+菜单名称后面的字母打开主菜单，再按下某一命令后面相应的字母，即可执行该命令。例如，按下键盘上的 Alt+E+I 组合键，即可在菜单栏中选择【编辑】|【原位粘贴】命令，如图1-27所示。

图 1-27

当某些命令后带有"…"符号，如图1-28所示，表示执行该命令后会弹出相应的对话框，如图1-29所示。

图 1-28

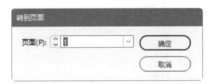

图 1-29

1.2.3　控制栏

使用控制栏可以快速访问选择对象的相关选项。在默认情况下，控制栏在工作区的顶部。

所选择的对象不同，控制栏中显示的选项也随之不同。例如，单击工具箱中的【文字工具】按钮 T，控制栏中就会显示与文本有关的选项，如图1-30所示。

图 1-30

单击控制栏右侧的第二个按钮 ≡，可以弹出控制栏菜单，如图1-31所示。用户可以根据需要在该菜单中选择相应的命令来控制该面板所在的位置。

图 1-31

1.2.4 面板

在 InDesign 2020 中，有很多快捷的设置方法，使用面板就是其中的一种。面板可以快速地设置如页面、控制、链接、描边等相关属性。

InDesign 2020 提供了多个面板，在【窗口】菜单中可以看到这些面板的名称，如图 1-32 所示。如果要使用某个面板，则单击这个面板即可打开并对其进行操作。例如选择【窗口】|【描边】命令后，即可打开【描边】面板，如图 1-33 所示。如果想要隐藏相应的面板，在【窗口】菜单中将需要隐藏的面板前方的勾选取消，或是直接单击面板右上角的【关闭】按钮 ✕ 即可。

> 提示：按 Shift+Tab 组合键可以隐藏除工具箱与控制栏外的所有面板。

面板总是位于最前方，可以随时访问。面板的位置可以通过拖动标题栏的方式移动，也可以通过拖动面板的任意角调整其大小。如果单击面板的标题栏，可以将面板折叠成

图标，再次单击标题栏即可展开面板。如果双击面板选项卡，可以在折叠、部分显示、全部显示三种视图之间切换，也可以拖动面板选项卡，将其拖放到其他组中。

图 1-32

图 1-33

1.3 InDesign 2020 辅助工具

在排版过程中，首先要进行页面设置。页面设置包括纸张大小、页边距、页眉、页脚等，还可以设置分栏和栏间距。配合页面辅助工具可以准确放置这些元素，例如参考线、标尺、网格等。

■ 1.3.1 参考线

标尺参考线与网格的区别在于，标尺参考线可以在页面或粘贴板上自由定位。参考线是与标尺关系密切的辅助工具，是版面设计中用于参照的线条。参考线分为三种类型，即标尺参考线、分栏参考线和出血参考线。在创建参考线之前，必须确保标尺和参考线都可见并选择正确的跨页或页面作为目标，然后在【正常】视图模式中查看文档。

1. 创建页面参考线

要创建页面参考线，可以将指针定位到水平或垂直标尺内侧，然后拖动到跨页上的目标位置即可，如图 1-34 所示。

图 1-34

除此之外，用户还可以创建等间距的页面参考线。首先选择目标图层，在菜单栏中选择【版面】|【创建参考线】命令，弹出【创建参考线】对话框，如图 1-35 所示，用户可以在该对话框中进行相应的设置，然后单击【确定】按钮，即可创建等间距的页面参考线。例如，将【行数】和【栏数】分别设置为 6、5，然后单击【确定】按钮进行创建，完成后的效果如图 1-36 所示。

选择【创建参考线】命令创建的栏与选择【版面】|【边距和分栏】命令创建的栏不同。例如，选择【创建参考线】命令创建的栏在置入文本时不能控制文本排列，而选择【边距和分栏】命令可以创建适合用于自动排文的主栏分割线，如图 1-37 所示。创建主栏分割线后，可以再选择【创建参考线】命令创建栏、网格和其他版面辅助元素。

图 1-35

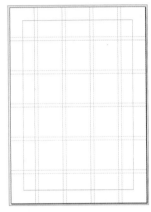

图 1-36

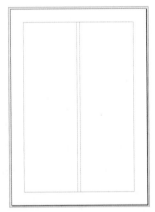

图 1-37

2. 创建跨页参考线

要创建跨页参考线，可以从水平或垂直标尺拖动，将指针保留在粘贴板中，使参考线定位到跨页中的目标位置。

要同时创建水平或垂直的参考线，在按住键盘上的 Ctrl 键的同时将目标跨页的标尺交叉点拖动到目标位置即可。图 1-38 所示为添加参考线后的效果。

图 1-38

要以数字方式调整参考线的位置，可以选择参考线后在控制栏中输入 X 和 Y 值。除此之外，用户还可以在选择参考线后按键盘上的光标键调整参考线的位置。

3. 选择与移动参考线

要选择参考线，可以使用【选择工具】▶ 和【直接选择工具】▷。选择要选取的参考线，按住 Shift 键可以选择多个参考线。

要移动跨页参考线，可以按住键盘上的 Ctrl 键的同时在页面内拖动参考线。

除目标跨页上的所有标尺参考线，可以选中任意参考线并右击鼠标，在弹出的快捷菜单中选择【删除跨页上的所有参考线】命令，如图 1-39 所示。

图 1-39

4. 使用参考线创建不等宽的栏

要创建间距不等的栏，需要先创建等间距的标尺参考线，将参考线拖动到目标位置，然后返回到需要更改的主页或跨页中，使用【选择工具】拖动分栏参考线到目标位置即可。不能将其拖动到超过相邻栏参考线的位置，也不能将其拖动到页面之外。

■ 1.3.2 标尺

在设计标志、包装时，可以利用标尺和零点，精确定位图形和文本所在的位置。

标尺是带有精确刻度的度量工具，它的刻度尺大小随单位的改变而改变。在 InDesign 2020 中，标尺由水平标尺和垂直标尺两部分组成。在默认情况下，标尺以毫米为单位，还可以根据需要将标尺的单位设置为英寸、厘米或者像素。如果没有打开标尺，在菜单栏中选择【视图】|【显示标尺】命令，如图 1-40 所示，即可打开标尺。在标尺上单击鼠标右键，

在弹出的快捷菜单中可以设置标尺的单位，如图 1-41 所示。

图 1-40

图 1-41

图 1-42

1.3.3　网格

网格是用来精确定位对象的，它由多个方块组成。可以将方块分成多个小方块或用大方块定位整体的排版，用小方格来精确布局版面中的元素。网格分为三种类型，即版面网格、文档网格和基线网格。要设置网格参数，可以在菜单栏中选择【编辑】|【首选项】|【网格】命令，如图 1-42 所示，弹出【首选项】对话框。用户可以在该对话框中对网格进行相关属性的设置，如图 1-43所示。

图 1-43

1.【基线网络】选项组

在该选项组中可以指定基线网格的颜色，从哪里开始、网格线之间相距多少，以及何时出现等。要显示文档的基线网格，在菜单栏中选择【视图】|【网格和参考线】|【显示基线网格】命令即可。在该选项组中有如下选项。

◎ 【颜色】：基线网格的默认颜色是淡蓝色。可以从【颜色】下拉列表框中选择一种不同的颜色，如果选择【自定义】选项，则用户可以自己定义一种颜色。

◎ 【开始】：在该文本框中可以指定网格开始处与页面顶部之间的距离。

◎ 【相对于】：在该下拉列表框中可以选择网格开始的位置，包含两个选项，分别是【页面顶部】和【上边距】。

◎ 【间隔】：在该文本框中可以指定网格线之间的距离，默认值为 14.173 点，这个值通常被修改为匹配主体文本的行距，这样文本就与网格排列在一起了。

◎ 【视图阈值】：在减小视图比例时可以避免显示基线网格。如果使用默认设置，视图比例在 75% 以下时不会出现基线网格，可以输入 5%～4000% 的值。

2.【文档网格】选项组

文档网格由交叉的水平网格线和垂直网格线组成，是可用于对象放置和绘制对象的小正方形，可以自定义网格线的颜色和间距。要显示文档网格，可在菜单栏中选择【视图】|【网格和参考线】|【显示文档网格】命令。【文档网格】选项组的各选项介绍如下。

◎ 【颜色】：文档网格的默认颜色为淡灰色，可以从【颜色】下拉列表框中选择一种不同的颜色。如果选择【自定义】选项，则会弹出【颜色】对话框，从中可以自定义一种颜色。

◎ 【网格线间隔】：颜色稍微有点深的主网格线按照此值来定位。默认值为 20 毫米，通常需要指定一个正在使用的度量单位的值。例如，如果正在使用英寸为单位，就可以在【网格线间隔】文本框中输入 1 英寸。这样，网格线就会与标尺上的主刻度符号相匹配。

◎ 【子网格线】：该选项主要用于指定网格线的间距数。建立在【网格线间隔】文本框中的主网格线根据在该文本框中输入的值来划分。例如，如果在【网格线间隔】文本框中输入 1 英寸，并在【子网格线】文本框中输入 4，就可以每隔

1/4 英寸获得一条网格线。默认的子网格线数量为 10。

1.4 版面设置

在 InDesign 2020 中创建文件时，不仅可以创建多页文档，而且可以将多页文档分割为单独编号的章节。下面将针对 InDesign 2020 版面设置进行详细的讲解。

■ 1.4.1　页面和跨页

在菜单栏中选择【文件】|【新建】|【文档】命令，弹出【新建文档】对话框，使用其默认的参数设置，如图 1-44 所示。单击【边距和分栏】按钮，在弹出的对话框中进行设置，如图 1-45 所示。设置完成后单击【确定】按钮即可创建一个文档。

图 1-44

图 1-45

在菜单栏中选择【窗口】|【页面】命令，打开【页面】面板，在该面板中可以看到该文档的全部页面，还可以在该面板中设置页面的相关属性。

当创建的文档超出两页时，在【页面】

面板中可以看到左右对称显示的一组页面，该页面称为跨页，就如翻开图书时看到的一对页面。

> 提示：如果需要创建多页文档，可以在【新建文档】对话框的【页面】文本框中输入页面的数值。如果勾选【对页】复选框，InDesign 会自动将页面排列成跨页形式。

■ 1.4.2 主页

InDesign 2020 中的主页可以作为文档中的背景页面，在主页中可以设置页码、页眉、页脚和标题等。在主页中还可以包含空的文本框架和图形框架，作为文档页面上的占位符。

在状态栏的【页面字段】下拉列表中选择【A- 主页】选项，如图 1-46 所示，便可进入主页编辑状态，在该状态下对主页进行编辑后，文档中的页面便会进行相应的调整。

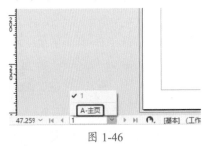

图 1-46

■ 1.4.3 页码和章节

用户可以在主页或页面中添加自动更新的页码。在主页中添加的页码可以作为整个文档的页面使用，而在页面中添加自动更新的页码可以作为章节编号使用。

1. 添加自动更新的页码

在主页中添加的页码标志符可以自动更新，这样可以确保多页出版物中的每一页上都显示正确的页码。

如果需要添加自动更新的页码，首先需要在【页面】面板中选中目标主页，然后使用【文字工具】在要添加页面的位置拖动出矩形文本框架，输入需要与页面一起显示的文本，如 "page" "第 页" 等，并将光标置入需要显示页面的位置，如图 1-47 所示。在菜单栏中选择【文字】|【插入特殊字符】|【标志符】|【当前页码】命令，如图 1-48 所示，即可插入自动更新的页码，在主页中显示效果如图 1-49 所示。

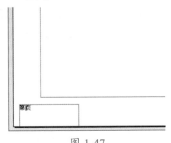

图 1-47

图 1-48

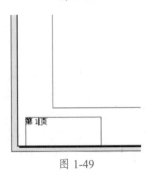

图 1-49

2.添加自动更新的章节编号

章节编号与页码相同，也是可以自动更新的，并像文本一样可以设置其格式和样式。

章节编号变量常用于书籍的各个文档中。在 InDesign 2020 中，在一个文档中无论插入多少章节编号都是相同的，因为一个文档只能拥有一个章节编号，如果需要将单个文档划分为多个章节，可以使用创建章节的方式来实现。

如果需要在显示章节编号的位置创建文本框架，使某一章节编号在若干页面中显示，可以在主页上创建文本框架，并将此主页应用于文档页面中。

在章节编号文本框架中，可以添加位于章节编号之前或之后的任何文本或变量。方法是：将插入点定位在显示章节编号的位置，然后在菜单栏中选择【文字】|【文本变量】|【插入文本变量】|【章节编号】命令即可。

3.添加自动更新的章节标志符

如果需要添加自动更新的章节标志符，需要先在文档中定义章节，然后在章节中使用页面或主页。方法是：选择【文字工具】，创建一个文本框架，然后在菜单栏中选择【文字】|【插入特殊字符】|【标志符】|【章节标志符】命令即可。

> 提示：在【页面】面板中，可以显示绝对页码或章节页码，更改页码显示方式将影响 InDesign 文档中显示指示页面的方式，但不会改变页码在页面上的外观。

1.5 文档的简单操作

本节将介绍如何对文档进行一些简单操作，了解在打开文档与置入其他文本文件时，如何操作会更加节省时间。

■ 1.5.1 打开文档

InDesign 2020 不仅可以打开 .indd 格式文件，而且可以打开【所有可读文件】下拉列表中所指定的其他文件格式,具体操作步骤如下。

01 在菜单栏中选择【文件】|【打开】命令或按 Ctrl+O 组合键，弹出【打开文件】对话框，如图 1-50 所示。浏览需要打开的文件所在的文件夹，选中一个文件或者按住 Ctrl 键选中多个文件。在【所有可读文件】下拉列表中提供了 8 个 InDesign 打开文件的格式选项，如图 1-51 所示。

图 1-50

图 1-51

> 提示：InDesign 2020 不但可以打开用 InDesign 2020 创建的文件，而且能够打开用 InDesign 以前的版本创建的文件。

02 在【打开文件】对话框的【打开方式】

选项组中可以设置文件打开的形式，包括 3 个选项，分别为【正常】【原稿】【副本】。如果选择【正常】选项，可以打开源文档；如果选择【原稿】选项，则可以打开源文档或模板；如果选择【副本】选项，则可以在不破坏源文档的基础上打开文档的一个副本。打开文档的副本时，InDesign 2020 会自动为文档的副本分配一个默认名称，如未命名 -1、未命名 -2 等。

03 选中需要打开的文件后，单击【打开】按钮，即可打开所选中的文件并关闭【打开文件】对话框。

> 提示：还可以直接双击 InDesign 2020 文件图标来打开该文档或模板。如果 InDesign 2020 没有运行，双击一个文档或模板文件将会启动 InDesign 2020 程序并打开该文档或模板。

■ 1.5.2　置入文本文件

InDesign 2020 除了可以打开 InDesign 2020、PageMaker 和 QuarkXPress 文件外，还可以处理使用字处理程序创建的文本文件。在 InDesign 2020 文档中可以置入的文本文件包括 Rich Text Format(RTF)、Microsoft Word、Microsoft Excel 和纯文本文件。在 InDesign 2020 中还支持两种专用的文本格式：标签文本，即一种使用 InDesign 2020 格式信息编码文本文件的方法；InDesign 2020 交换格式，即一种允许 InDesign 2020 和 InDesign CS4 用户使用相同文件的格式。

但是，在 InDesign 2020 中不能在菜单栏中通过选择【文件】|【打开】命令而直接打开字处理程序创建的文本文件，必须执行【文件】|【置入】命令，或者按 Ctrl+D 组合键，置入或导入文本文件，具体操作步骤如下。

01 在菜单栏中选择【文件】|【打开】命令，

在弹出的对话框中打开"素材 \Cha01\ 置入文本素材 1.indd 文件"，如图 1-52 所示。

图 1-52

02 在菜单栏中选择【文件】|【置入】命令，在弹出的对话框中选择"素材 \Cha01\ 置入文本素材 2.docx"文件，如图 1-53 所示。

图 1-53

03 选中该文件后，单击【打开】按钮，在文档窗口中按住 Shift 键的同时单击鼠标左键，并调整其文字的位置，调整后的效果如图 1-54 所示。

图 1-54

提示：在 InDesign 中可以导入自 Word 2003 和 Excel 2003 以后的所有版本的文本文件。

1.6 保存文档和模板

无论是新创建的文件，还是打开以前的文件进行编辑或修改，在操作完成之后都需要将编辑好或修改后的文件保存。

■ 1.6.1 保存文档与保存模板

在【文件】下拉菜单中有 3 个存储命令，即【存储】【存储为】【存储副本】，如图 1-55 所示。执行 3 个命令中的任意一个，均可保存标准的 InDesign 2020 文档和模板。

图 1-55

1. 使用【存储】命令

【存储】命令组合键为 Ctrl+S，执行该命令后，会弹出【存储为】对话框，如图 1-56 所示，单击【保存】按钮即可保存对当前活动文档所做的修改。如果当前活动文档还没有存储，则会弹出【存储为】对话框，可以在该对话框中选择需要存储文件的文件夹并输入文档名称。

图 1-56

2. 使用【存储为】命令

如果想要将已经保存的文档或模板保存到其他文件夹中或将其保存为其他名称，可以在菜单栏中选择【文件】|【存储为】命令或使用 Ctrl+Shift+S 组合键，在弹出的【存储为】对话框中选择文档或模板需要存储到的文件夹，并输入文档名称。

将文档存储为模板时，可以在【存储为】对话框的【保存类型】下拉列表中选择【InDesign 2020 模板】选项，如图 1-57 所示。再输入模板文件的名称，单击【保存】按钮，即可保存模板。

图 1-57

3. 使用【存储副本】命令

【存储副本】命令的组合键为 Ctrl+Alt+S，该命令可以将当前活动文档使用不同（或相同）的文件名在不同（或相同）的文件夹中创建副本。

提示：执行【存储副本】命令时，源文档保持打开状态并保留其初始名称。与【存储为】命令的区别在于，它会使源文档保持打开状态。

■ 1.6.2　以其他格式保存文件

如果需要将 InDesign 2020 文档保存为其他格式的文件，可以在菜单栏中选择【文件】|【导出】命令，如图1-58所示。在弹出的【导出】对话框的【保存类型】下拉列表中可以选择一种文件的导出格式，如图1-59所示。单击【保存】按钮，即可将 InDesign 2020 文档保存为其他格式的文件。

图 1-58

图 1-59

如果在导出文档之前，使用【文字工具】，选择文本，在菜单栏中选择【文件】|【导出】命令，弹出【导出】对话框，那么在【保存类型】下拉列表中会出现如图 1-60 所示的字处理格式。

图 1-60

1.7　对象的基本操作

本节将要讲解如何选择对象、编辑对象等，掌握对象的基本操作后可以更加熟练地对对象进行相应的操作。

■ 1.7.1　选择对象

在修改对象之前，需要使用选择工具将对象选中。在 InDesign 2020 中有两种选择工具，分别为【选择工具】和【直接选择工具】。

【选择工具】：单击工具箱中的【选择工具】按钮，即可选择对象，在选择对象的同时还可将其进行位置及大小的调整。

【直接选择工具】：单击工具箱中的【直接选择工具】按钮，即可选中对象上的单个锚点，并可以对锚点的方向线手柄进行调整。在使用该工具选中带有边框的对象时，只有边框内的对象会被选中，而边框不会被选中。

1. 选择重叠对象

设计师在制作版面时，总会遇到对象重叠的情况，打开"素材\Cha01\选择与编辑素材.indd"文件，在菜单栏中选择【对象】|【选择】命令，在弹出的子菜单中可以选择重叠的对象，如图 1-61 所示。在选择的对象上右击鼠标，在弹出的快捷菜单中选择【选择】命令，在弹出的子菜单中也可以选择重叠的对象，如图 1-62 所示。

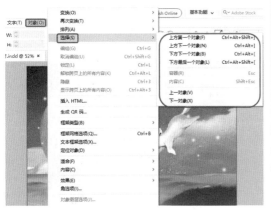

图 1-61

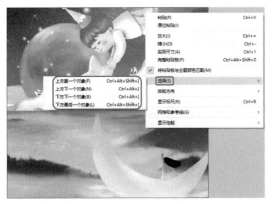

图 1-62

提示：按住键盘上的 Ctrl 键，同时使用鼠标在重叠对象上单击，与选择【下方下一个对象】命令的效果是相同的。

2. 选择多个对象

对多个对象进行同时修改或移动时，首先要选择多个对象，其方法有以下几种。

◎ 单击工具箱中的【选择工具】按钮 ▶，按住键盘上的 Shift 键单击对象，则可以选择多个对象，如图 1-63 所示。

图 1-63

◎ 单击工具箱中的【选择工具】按钮 ▶，在文档窗口的空白处单击，按住鼠标左键不放并拖动鼠标，框选需要同时选中的多个对象。只要对象的任意部分被拖出的矩形选择框选中，则整个对象都会被选中，效果如图 1-64 所示。

图 1-64

提示：在拖动鼠标时，应确保没有选中任何对象，否则在拖动鼠标时，只会移动选中的对象，而不会拖出矩形选择框。

◎ 如果需要同时选中页面中的所有对象，可以在菜单栏中选择【编辑】|【全选】命令，或是按 Ctrl+A 组合键，如图 1-65 所示。如果单击工具箱中的【直接选择工具】按钮 ▷，然后在菜单栏中选择【编辑】|【全选】命令，将会选中所有对象的锚点，如图 1-66 所示。

图 1-65

图 1-66

3. 取消选择对象

取消选择对象有以下几种方法。

◎ 单击工具箱中的【选择工具】按钮 ▶，在文档窗口空白处单击即可取消选择对象。

◎ 按住 Shift 键，单击工具箱中的【选择工具】按钮 ▶，然后单击选中的对象，即可取消选择对象。

◎ 使用其他绘制图形工具在文档窗口中绘制图形，也可以取消选择对象。

1.7.2 编辑对象

在 InDesign 2020 中，可以根据需要对选中的对象进行编辑，如移动对象、复制对象、调整对象的大小和删除对象。

1. 移动对象

移动对象的方法主要有以下几种。

◎ 单击工具箱中的【选择工具】按钮 ▶，选择需要移动的对象，如图 1-67 所示。然后在选择的对象上单击鼠标左键并拖动鼠标，将选择的对象拖动至适当位置处松开鼠标左键即可，如图 1-68 所示。

图 1-67

图 1-68

提示：为了方便观察，可以单击工具箱中的【正常】按钮 ▣，将文档转换为正常状态。

提示：按住键盘上的 Shift 键移动对
象时，移动对象的角度可以限制在 45°，
以移动鼠标的方向为基准方向。

◎ 选中对象，按键盘上的方向键可以微调
对象的位置。

◎ 在控制栏的 X 和 Y 文本框中输入数值，
可以快速并准确地定位选择的对象的位
置，如图 1-69 所示。

图 1-69

◎ 在菜单栏中选择【对象】|【变换】|【移
动】命令，弹出【移动】对话框，如图 1-70
所示。在【移动】对话框中进行相应的
设置也可以移动选择的对象。

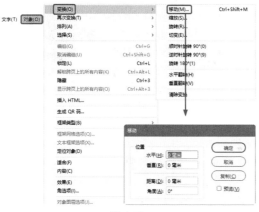

图 1-70

◎ 在菜单栏中选择【窗口】|【对象和版面】|
【变换】命令，打开【变换】面板，如图 1-71
所示。在【变换】面板的 X 和 Y 文本框
中输入数值也可以移动选择的对象。

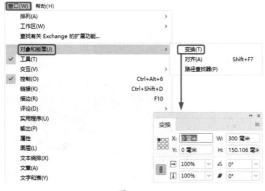

图 1-71

2. 复制对象

复制对象的方法主要有以下几种。

◎ 单击工具箱中的【选择工具】按钮，
选择需要复制的对象，然后在按住键盘
上的 Alt 键的同时拖动选择的对象，拖动
至适当位置处松开鼠标即可复制对象。

提示：在选中对象的情况下，按住键
盘上的 Alt+ 方向键，也可以复制对象。

◎ 在控制栏的 X 和 Y 文本框中输入数值，
然后按 Alt+Enter 组合键，也可以复制对象。

◎ 单击工具箱中的【选择工具】按钮，选
择需要复制的对象，然后在菜单栏中选
择【编辑】|【复制】命令（或按 Ctrl+C
组合键），如图 1-72 所示。再在菜单
栏中选择【编辑】|【粘贴】命令（或按
Ctrl+V 组合键），也可以复制对象，如
图 1-73 所示。

图 1-72

图 1-73

图 1-75

◎ 单击工具箱中的【选择工具】按钮 ▶，
选择需要复制的对象，然后在菜单栏中
选择【编辑】|【直接复制】命令，或按
Ctrl+Alt+Shift+D 组合键，可以直接复制
选择的对象，如图 1-74 所示。

图 1-74

图 1-76

提示：在按住键盘上的 Ctrl 键的同
时，拖动对象的控制手柄，可以将对象的
限位框与限位框中的对象一起放大与缩
小；在按住键盘上的 Ctrl+Shift 组合键的
同时，拖动对象的控制手柄，可以将对象
限位框与限位框中的对象等比例放大与
缩小。

3. 调整对象的大小

调整对象大小的方法主要有以下几种。

◎ 单击工具箱中的【选择工具】按钮 ▶，
选择需要调整大小的对象，如图 1-75 所
示。将光标移至选择对象边缘的控制手
柄上，然后拖动鼠标即可调整对象限位
框的大小，如图 1-76 所示。

◎ 单击工具箱中的【自由变换工具】按钮 ▶↔，
选择需要调整大小的对象，如图 1-77 所示。
拖动对象的控制手柄，即可改变对象的大
小，如图 1-78 所示。

图 1-77

图 1-78

提示：使用【自由变换工具】 调整对象大小时，如果按住键盘上的 Shift 键，可以等比例放大与缩小对象。

◎ 在控制栏或【变换】面板的 W 和 H 文本框中输入数值，也可以改变对象限位框的大小。

4.删除对象

单击工具箱中的【选择工具】按钮 ，首先选择需要删除的对象，然后在菜单栏中选择【编辑】|【清除】命令，如图 1-79 所示，或按键盘上的 Backspace 键，即可将选择的对象删除。

编辑(E)	
还原(U)	Ctrl+Z
重做"缩放项目"(R)	Ctrl+Shift+Z
剪切(T)	Ctrl+X
复制(C)	Ctrl+C
粘贴(P)	Ctrl+V
粘贴时不包含格式(W)	Ctrl+Shift+V
贴入内部(K)	Ctrl+Alt+V
原位粘贴(I)	
粘贴时不包含网格格式(Z)	Ctrl+Alt+Shift+V
清除(L)	Backspace
应用网格格式(J)	Ctrl+Alt+E
直接复制(D)	Ctrl+Alt+Shift+D
多重复制(O)...	Ctrl+Alt+U
置入和链接(K)	
全选(A)	Ctrl+A
全部取消选择(E)	Ctrl+Shift+A
InCopy(O)	>
编辑原稿	
编辑工具	>
转到源	
在文章编辑器中编辑(Y)	Ctrl+Y

图 1-79

【实战】旋转对象

在 InDesign 2020 中可以使用【旋转工具】 对对象进行旋转。下面讲解如何使用【旋转工具】旋转对象，完成后的效果如图 1-80 所示。

图 1-80

素材	素材 \Cha01\ 公寓室内 .indd
场景	场景\Cha01\【实战】旋转对象 .indd
视频	视频教学 \Cha01\【实战】旋转对象 .mp4

01 按 Ctrl+O 组合键，打开"素材 \Cha01\ 公寓室内 .indd"文件，如图 1-81 所示。

图 1-81

02 在工具箱中单击【旋转工具】按钮 ，然后单击小猫对象，将原点从其限位框左上角的默认位置拖动到限位框的中心位置，如图 1-82 所示。

03 在限位框的内外任意位置处单击并拖动鼠标，即可旋转对象，如图 1-83 所示。

图 1-82

图 1-83

提示：如果在旋转对象时按住键盘上的 Shift 键，可以将旋转角度限制为 45° 的倍数。

【实战】缩放对象

其实不只是【旋转工具】能用来变换对象，在 InDesign 2020 中使用【缩放工具】 同样可以调整对象。下面讲解如何使用【缩放工具】缩放对象，完成后的效果如图 1-84 所示。

图 1-84

素材	素材 \Cha01\ 公寓室内 .indd
场景	场景 \Cha01\【实战】缩放对象 .indd
视频	视频教学 \Cha01\【实战】缩放对象 .mp4

01 按 Ctrl+O 组合键，打开"素材 \Cha01\ 公寓室内 .indd"文件，在工具箱中单击【缩放工具】按钮 ，然后单击小猫对象，如图 1-85 所示。

图 1-85

02 按住 Shift 键的同时按住鼠标左键并拖动即可均匀放大或缩小对象，如图 1-86 所示。

图 1-86

提示：如果拖动对象的右上角或左下角，对象只可水平缩放或垂直缩放。

【实战】切变对象

使用工具箱中的【切变工具】 可以切变对象。下面讲解如何切变对象，完成后的效果如图 1-87 所示。

图 1-87

素材	素材 \Cha01\ 公寓室内 .indd
场景	场景 \Cha01\【实战】切变对象 .indd
视频	视频教学 \Cha01\【实战】切变对象 .mp4

01 按 Ctrl+O 组合键，打开"素材 \Cha01\ 公寓室内 .indd"文件，在工具箱中单击【切变工具】按钮 ，然后单击小猫对象，如图 1-88 所示。

图 1-88

02 在限位框的任意位置处单击并拖动鼠标，即可切变对象，如图 1-89 所示。

图 1-89

提示：在对对象进行切变操作时按住键盘上的 Shift 键，可以将旋转角度限制为 45°的倍数。

【实战】对齐与分布图形对象

整齐的对象可以使画面更加美观、舒适，本例讲解如何对齐与分布图形对象，完成后的效果如图 1-90 所示。

图 1-90

素材	素材 \Cha01\ 对齐与分布素材 .indd
场景	场景 \Cha01\【实战】对齐与分布图形对象 .indd
视频	视频教学 \Cha01\【实战】对齐与分布图形对象 .mp4

01 按 Ctrl+O 组合键，打开"素材 \Cha01\ 对齐与分布素材 .indd"文件，如图 1-91 所示。

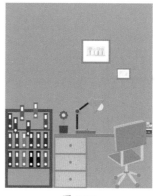

图 1-91

02 在菜单栏中选择【窗口】|【对象和版面】|【对齐】命令,打开【对齐】面板,如图1-92所示。

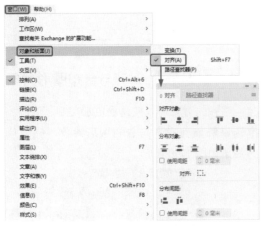

图 1-92

03 按住 Shift 键的同时使用【选择工具】依次选择书架中第一排的对象,如图1-93所示。选择完成后,松开 Shift 键,再次单击最左侧对象,即可将最左侧对象指定为关键对象。

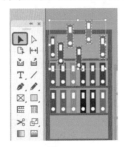

图 1-93

04 单击【对齐】面板中的【垂直居中对齐】按钮 ,即可将选中对象垂直居中对齐,如图1-94所示。

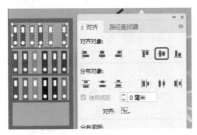

图 1-94

05 单击最左侧对象,将其取消指定,单击【对齐】面板中的【水平居中分布】按钮 ,即可将选中对象水平居中分布,如图1-95所示。

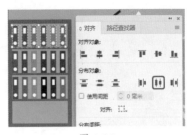

图 1-95

■ 1.7.3 编组

可将多个对象进行编组,编组后的对象可以同时进行移动、复制或旋转等操作。

1. 创建编组

下面介绍编组对象的方法,具体的操作步骤如下。

01 按 Ctrl+O 组合键,打开"素材\Cha01\花丛.indd"文件,在工具箱中单击【选择工具】按钮 ,在文档中选择需要编组的对象,如图1-96所示。

图 1-96

02 在菜单栏中选择【对象】|【编组】命令,或按 Ctrl+G 组合键,如图1-97所示,即可将选择的对象编组。

图 1-97

03 选中编组后的对象中的任意一个对象，其他对象也会同时被选中，效果如图 1-98 所示。

图 1-98

2.取消编组

使用菜单栏中的【取消编组】命令即可取消编组，具体的操作步骤如下。

01 继续上面的操作，确定编组后的对象处于选中状态，然后在菜单栏中选择【对象】|【取消编组】命令，或按 Ctrl+Shift+G 组合键，如图 1-99 所示，即可取消对象的编组。

图 1-99

02 取消编组后，当选中一个对象时，其他对象不会被选中，效果如图 1-100 所示。

图 1-100

■ 1.7.4 锁定对象

菜单栏中的【锁定】命令可以将文档中的对象固定位置，使其不被移动。被锁定的对象仍然可以选中，但不会受到任何操作的影响。锁定对象的具体操作步骤如下。

01 使用【选择工具】▶ 选择需要锁定的对象，如图 1-101 所示。

图 1-101

02 在菜单栏中选择【对象】|【锁定】命令，或按 Ctrl+L 组合键，如图 1-102 所示。

图 1-102

03 单击工具箱中的【正常】按钮 ▣，可以看到选择对象已被锁定，效果如图 1-103 所示。

图 1-103

课后项目
练习

工作证设计

工作证是公司工作人员的证件，代表公司的形象。本例讲解如何制作工作证，完成后的效果如图 1-104 所示。

课后项目练习效果展示

图 1-104

课后项目练习过程概要

（1）使用【矩形工具】绘制工作证框架。

（2）使用【钢笔工具】【矩形工具】绘制标志（Logo）及其他部分。

（3）使用【文字工具】完善证件照。

素材	无
场景	场景 \Cha01\ 工作证设计 .indd
视频	视频教学 \Cha01\ 工作证设计 .mp4

01 新建一个【宽度】【高度】分别为 242 毫米、373 毫米，【页面】为 1，边距为 0 毫米的文档。在工具箱中单击【矩形工具】按钮 □，在文档窗口中绘制一个矩形，在【颜色】面板中将【填色】设置为 #4169e1，将【描边】设置为无，在【变换】面板中将 W、H 分别设置为 242 毫米、373 毫米，如图 1-105 所示。

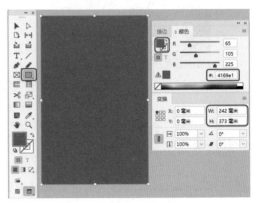

图 1-105

02 根据前面介绍的方法绘制标志，并对其进行相应的设置。单击工具箱中的【矩形工具】按钮，在文档窗口中绘制一个矩形，在【颜色】面板中将【填色】设置为无，【描边】设置为白色，在【描边】面板中将【粗细】设置为 4 点，【类型】设置为虚线（4 和 4），在【变换】面板中将 W、H 分别设置为 85 毫米、105 毫米，效果如图 1-106 所示。

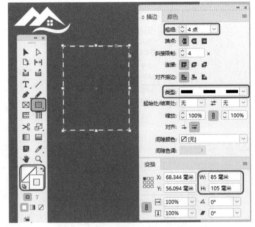

图 1-106

提示：在菜单栏中选择【窗口】|【对象和版面】|【变换】命令可打开【变换】面板。

03 选中绘制的矩形，在菜单栏中选择【对象】|【角选项】命令，弹出【角选项】对话框，将【大小】设置为 5 毫米，【形状】设置为圆角，如图 1-107 所示。

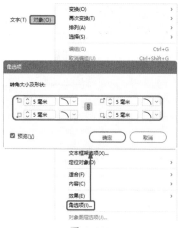

图 1-107

04 设置完成后，单击【确定】按钮，并调整其位置，单击工具箱中的【椭圆工具】按钮，在文档窗口中绘制一个圆形，将【填色】设置为 #dcdcdc，【描边】设置为无，W、H 均设置为 50 毫米，并调整其位置，如图 1-108 所示。

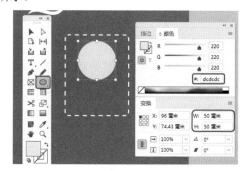

图 1-108

05 单击工具箱中的【钢笔工具】按钮，在文档窗口中绘制图形，为其填充任意一种颜色，将【描边】设置为无，并调整其位置，如图 1-109 所示。

06 按住 Shift 键的同时单击新绘制的图形与圆形，按 Ctrl+8 组合键为选中的对象建立复合路径，根据前面介绍的方法在文档窗口中绘制其他图形并设置相应的颜色，如图 1-110 所示。

图 1-109

图 1-110

07 单击工具箱中的【矩形工具】按钮，在文档窗口中绘制一个矩形，将【填色】设置为 #e3e4e5，【描边】设置为无，W、H 分别设置为 242 毫米、165 毫米，并调整其位置，如图 1-111 所示。

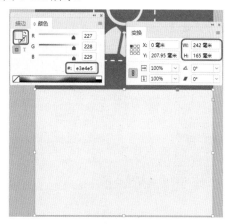

图 1-111

08 单击工具箱中的【钢笔工具】按钮，在文档窗口中绘制图形，选中绘制的图形，在【颜色】面板中将【填色】设置为 #051e70，【描边】设置为无，并调整其位置，如图 1-112 所示。

09 再次使用【钢笔工具】在文档窗口中绘制图形，将【填色】设置为 #0352db，【描边】

设置为无，并调整其位置，如图 1-113 所示。

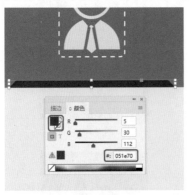

图 1-112

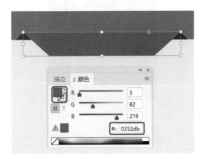

图 1-113

10 在工具箱中单击【文字工具】按钮 T ，在文档窗口中绘制文本框，输入文字并选中输入的文字，将【字体】设置为【汉仪中楷简】，【字体大小】设置为 45 点，【填色】设置为白色，并调整其位置，如图 1-114 所示。

图 1-114

11 再次使用【文字工具】 T 在文档窗口中绘制文本框，输入文字，将【字体】设置为【Adobe 黑体 Std】，【字体大小】设置为 20 点，【水平缩放】设置为 104%，【字符间距】

设置为 110，【填色】设置为白色，并调整其位置，如图 1-115 所示。

图 1-115

12 使用同样的方法输入其他文字并对其进行设置，如图 1-116 所示。

图 1-116

13 单击工具箱中的【直线工具】按钮 ，在文档窗口中按住 Shift 键分别绘制四条水平直线，在控制栏中将 L 设置为 172 毫米，【描边粗细】设置为 1 点，并调整其位置，如图 1-117所示。

图 1-117

第 2 章
粽子包装设计——图形与路径的基本操作

　　在 InDesign 2020 排版过程中经常会使用到图形。本章将主要介绍 InDesign 2020 图形绘制与图像操作的方法，其中提供了多种绘图工具，如铅笔工具、钢笔工具和矩形工具等为绘制图形提供了便利。通过本章的学习，读者可以运用强大的路径工具绘制任意图形，使画面更加丰富。

案例精讲
粽子包装设计

　　本案例将介绍如何制作粽子包装，首先利用【矩形工具】绘制包装盒底色，然后使用【文字工具】制作包装盒的标题底纹，为其添加【投影】效果，使制作的内容产生立体化效果，如图 2-1 所示。

作品名称	粽子包装设计
作品尺寸	321 毫米 ×281 毫米
设计创意	（1）使用【矩形工具】【文字工具】制作盒子表面与装饰图案，并为其添加阴影。 （2）使用【钢笔工具】绘制图形并置入素材。
主要元素	（1）矩形； （2）粽子素材； （3）文字。
应用软件	InDesign 2020
素材	素材 \Cha02\ 粽子素材 01.png、粽子素材 02.png
场景	场景 \Cha02\【案例精讲】粽子包装设计 .indd
视频	视频教学 \Cha02\【案例精讲】粽子包装设计 .mp4
粽子包装设计效果欣赏	图 2-1
备注	

　　01 新建一个【宽度】【高度】分别为 321 毫米、281 毫米，【页面】为 1，边距为 0 毫米的文档。在工具箱中单击【矩形工具】按钮 ，在文档窗口中绘制一个矩形，在【颜色】面板中将【填色】设置为 #107e56，【描边】设置为无，在【变换】面板中将 W、H 分别设置为 321 毫米、281 毫米，效果如图 2-2 所示。

　　02 单击空白位置，取消对矩形的选择，按 Ctrl+D 组合键，在弹出的【置入】对话框中选择"素

材 \Cha02\ 粽子素材 01.png" 文件，单击【打开】按钮，在文档窗口中按住鼠标左键，进行拖动后松开鼠标，将素材置入并调整其大小与位置，如图 2-3 所示。

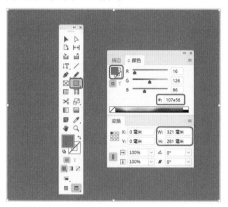

图 2-2

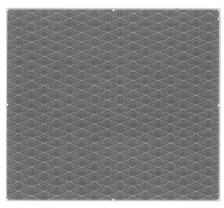

图 2-3

03 选中置入的素材文件，在菜单栏中选择【窗口】|【效果】命令，打开【效果】面板，将【不透明度】设置为 15%，如图 2-4 所示。

图 2-4

提示：打开【效果】面板的组合键为 Ctrl+Shift+F10。

04 在工具箱中单击【矩形工具】按钮 ▭，在文档窗口中绘制一个矩形，在【颜色】面板中将【填色】设置为 #10986f，【描边】设置为无，在【变换】面板中将 W、H 分别设置为 321 毫米、20 毫米，并调整其位置，如图 2-5 所示。

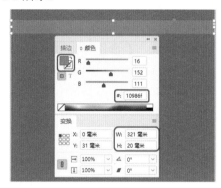

图 2-5

05 使用【矩形工具】绘制矩形，将【填色】设置为 #10986f，【描边】设置为无，W、H 分别设置为 20 毫米、281 毫米，并调整其位置，如图 2-6 所示。

图 2-6

06 使用【矩形工具】绘制矩形，将【填色】设置为 #0f763c，【描边】设置为 #b09d76，【粗细】设置为 6 点，W、H 分别设置为 72 毫米、156 毫米，并调整其位置，如图 2-7 所示。

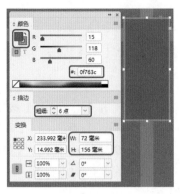

图 2-7

07 选中绘制的矩形，在菜单栏中选择【对象】|【角选项】命令，在弹出的【角选项】对话框中将【转角大小】设置为 14 毫米，【转角形状】设置为反向圆角，如图 2-8 所示。

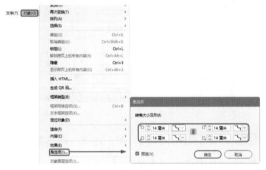

图 2-8

08 设置完成后，单击【确定】按钮，在【效果】面板中单击【向选定的目标添加对象效果】按钮 _fx._ ，在弹出的下拉菜单中选择【投影】命令，如图 2-9 所示。

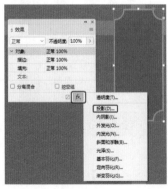

图 2-9

09 在弹出的【效果】对话框中将【模式】设置为【正片叠底】，将右侧色块的 RGB 值设

置为 12、3、3，【不透明度】设置为 45%，【距离】【角度】分别设置为 3 毫米、160°，【大小】设置为 6 毫米，如图 2-10 所示。

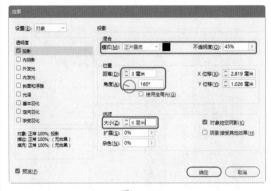

图 2-10

10 设置完成后，单击【确定】按钮，在工具箱中单击【直排文字工具】按钮 ↓T ，在文档窗口中绘制文本框，输入文字并选中输入的文字，将【字体】设置为【方正康体简体】，【字体大小】设置为 130 点，【水平缩放】设置为 110%，【字符间距】设置为 100，【填色】设置为 #ffffff，如图 2-11 所示。

图 2-11

11 选中输入的文字，在【效果】面板中单击【向选定的目标添加对象效果】按钮 _fx._ ，在弹出的下拉菜单中选择【投影】命令，在弹出的【效果】对话框中将【模式】设置为【正片叠底】，右侧色块的 RGB 值设置为 34、116、48，【不透明度】设置为 70%，【距离】【角度】分别设置为 3 毫米、90°，【大小】设置为 2.5 毫米，如图 2-12 所示。

图 2-12

12 设置完成后,单击【确定】按钮,在工具箱中单击【钢笔工具】按钮 ,在文档窗口中绘制图形,将【填色】设置为#a41f24,【描边】设置为无,如图 2-13 所示。

图 2-13

13 在工具箱中单击【直排文字工具】按钮,在文档窗口中绘制文本框,输入文字,将【字体】设置为【方正隶变简体】,【字体大小】设置为 16 点,【字符间距】设置为 -130,【填色】设置为#ffffff,如图 2-14 所示。

图 2-14

14 在工具箱中单击【矩形工具】按钮,在文档窗口中绘制矩形,选中绘制的矩形,将【填色】设置为#1a6f3a,【描边】设置为#66401e,【粗细】设置为 3 点,W、H 均设置为 166 毫米,【旋转角度】设置为 45°,并调整其位置,如图 2-15 所示。

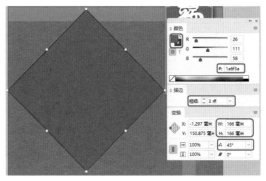

图 2-15

15 选中绘制的矩形,在菜单栏中选择【对象】|【角选项】命令,在弹出的【角选项】对话框中将【转角大小】设置为 33 毫米,【转角形状】设置为圆角,如图 2-16 所示。

图 2-16

16 设置完成后,单击【确定】按钮,在【效果】面板中单击【向选定的目标添加对象效果】按钮,在弹出的下拉菜单中选择【投影】命令,在弹出的【效果】对话框中将【模式】设置为【正片叠底】,右侧色块的 RGB 值设置为 102、64、30,【不透明度】设置为 80%,【距离】设置为 2 毫米,勾选【使用全局光】复选框,将【角度】设置为 90°,将【大小】设置为 3 毫米,如图 2-17 所示。

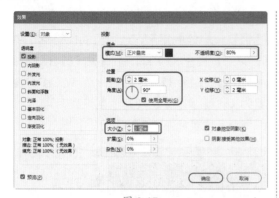

图 2-17

17 设置完成后，单击【确定】按钮，确认设置后的图形处于选中状态，按 Ctrl+C 组合键对其进行复制，在菜单栏中选择【编辑】|【原位粘贴】命令，选中粘贴后的图形，将【填色】设置为无，【描边】设置为 #63692d，如图 2-18 所示。

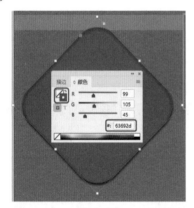

图 2-18

18 选中粘贴后的图形，对其进行复制并粘贴，选中粘贴后的图形，将 W、H 均设置为 169 毫米，并调整其位置，如图 2-19 所示。

19 再次选中新粘贴后的图形，在菜单栏中选择【对象】|【角选项】命令，在弹出的【角选项】对话框中将【转角大小】设置为 34 毫米，如图 2-20 所示。

20 设置完成后，单击【确定】按钮，选中粘贴后的图形，对其进行复制并粘贴，选中粘贴后的图形，将 W、H 均设置为 172.5 毫米，并调整其位置，根据前面介绍的方法将【转角大小】设置为 35 毫米，如图 2-21 所示。

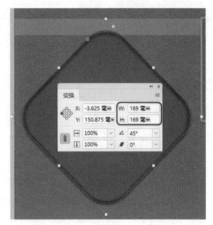

图 2-19

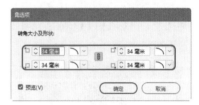

图 2-20

图 2-21

21 将"粽子素材 02.png"素材文件置入文档中，并调整其大小与位置，效果如图 2-22 所示。

22 选中置入的素材文件，在【效果】面板中单击【向选定的目标添加对象效果】按钮，在弹出的下拉菜单中选择【投影】命令，在弹出的对话框中将【模式】设置为【正片叠底】，将右侧色块的 RGB 值设置为 42、167、56，【不透明度】设置为 100%，【角度】设置为 110°，【大小】设置为 8 毫米，如图 2-23 所示。

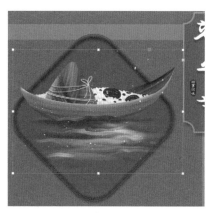

图 2-22

图 2-23

23 设置完成后，单击【确定】按钮，在工具箱中单击【钢笔工具】按钮 ✎，在文档窗口中绘制图形，将【填色】设置为#138e53，【描边】设置为无，在【效果】面板中将【混合模式】设置为【正片叠底】，【不透明度】设置为41%，并调整其位置，效果如图 2-24 所示。

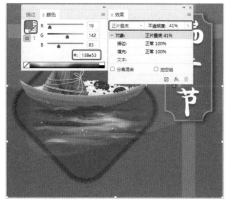

图 2-24

24 在【图层】面板中选择新绘制的路径图层，

按住鼠标左键将其拖曳至倒数第 5 层，如图 2-25 所示。

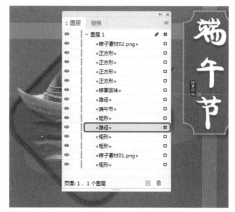

图 2-25

25 根据前文所介绍的方法在文档窗口中制作其他内容，并进行相应的设置，效果如图 2-26 所示。

图 2-26

2.1 绘制基本图形

在 InDesign 2020 中使用基本绘图工具可以创建基本的形状，如矩形、椭圆以及星形等。

■ 2.1.1 绘制矩形

在工具箱中单击【矩形工具】按钮 ▢，在页面中按住鼠标左键拖动，可以绘制一个矩形，如图 2-27 所示。若按住 Shift 键拖动鼠标，可以绘制一个正方形。

图 2-27

除了可以通过拖动鼠标左键来创建矩形外，还可以精确地绘制矩形。单击【矩形工具】按钮■后，在文档窗口空白处单击，会弹出【矩形】对话框，可以根据需要输入数值，如图 2-28 所示，单击【确定】按钮后即可完成矩形创建。

图 2-28

■ 2.1.2 绘制椭圆

在工具箱中单击【椭圆工具】按钮◯，在页面中按住鼠标左键拖动，绘制出一个椭圆，如图 2-29 所示。若按住 Shift 键拖动鼠标，可以绘制一个正圆。

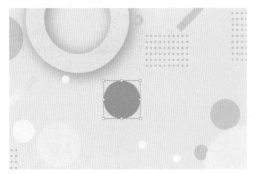

图 2-29

选择【椭圆工具】◯后，在文档窗口空白处单击，会弹出【椭圆】对话框，可以根据需要输入数值，如图 2-30 所示，单击【确定】按钮即可创建椭圆。

图 2-30

 【实战】绘制多边形对象

本例讲解如何使用多边形绘制足球对象，完成后的效果如图 2-31 所示。

图 2-31

素材	素材 \Cha02\ 多边形素材 .indd
场景	场景 \Cha02\【实战】绘制多边形对象 .indd
视频	视频教学 \Cha02\【实战】绘制多边形对象 .mp4

01 按 Ctrl+O 组合键，打开"素材 \Cha02\ 多边形素材 .indd"文件，如图 2-32 所示。

02 单击工具箱中的【椭圆工具】按钮◯，在文档窗口中绘制一个圆形，将【填色】设置为白色，【描边】设置为无，W、H 均设置为 215 毫米，并调整其位置，如图 2-33 所示。

图 2-32

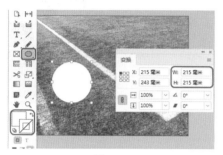

图 2-33

03 单击工具箱中的【多边形工具】按钮 ⬡，在文档窗口中单击鼠标，弹出【多边形】对话框，将【边数】设置为 5，如图 2-34 所示。

图 2-34

04 单击【确定】按钮，将【填色】设置为黑色，【描边】设置为无，W、H 均设置为 70 毫米，【旋转角度】设置为 -6°，并调整其位置，如图 2-35 所示。

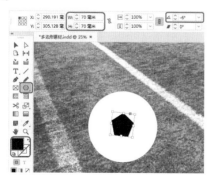

图 2-35

05 选中绘制的多边形，按住 Alt 键的同时使用【选择工具】 ▶ 拖动图形，对其进行复制，将【旋转角度】设置为 35°，并调整其位置，如图 2-36 所示。

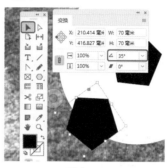

图 2-36

06 取消对复制后图形的选择，单击【直接选择工具】按钮 ▷，选择复制后的图形，按住 Ctrl+Alt 组合键的同时拖动需要调整的锚点，如图 2-37 所示。

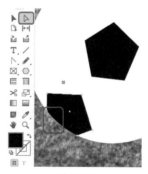

图 2-37

07 使用同样的方法复制出其他图形，并对其进行调整，如图 2-38 所示。

图 2-38

08 单击工具箱中的【直线工具】按钮 ╱，在文档窗口中绘制若干条线段，将【描边粗细】设置为 2 点，如图 2-39 所示。

09 选择绘制的所有图形，按 Ctrl+G 组合键将其编组，在菜单栏中选择【对象】|【效果】|【投影】命令，弹出【效果】对话框，将【不透明度】设置为 85%，【距离】设置为 20 毫米，【角度】设置为 130°，【大小】设置为 20 毫米，单击【确定】按钮，即可为选中的对象添加投影，如图 2-40 所示。

图 2-39   图 2-40

■ 2.1.3 绘制星形

在工具箱中选择【多边形工具】 ，在文档窗口中单击，弹出【多边形】对话框，在【多边形】对话框中设置参数，如图 2-41 所示，单击【确定】按钮，即可创建星形，如图 2-42 所示。

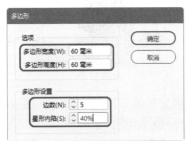

图 2-41

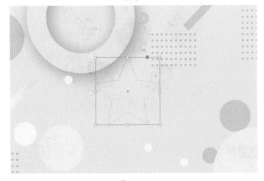

图 2-42

🎥 【实战】形状之间的转换

利用【转换形状】命令可以将任何路径转换为预定义的形状。本例讲解如何将创建的形状进行转换，完成后的效果如图 2-43 所示。

图 2-43

素材	素材 \Cha02\ 转换形状素材 .indd
场景	场景 \Cha02\【实战】形状之间的转换 .indd
视频	视频教学 \Cha02\【实战】形状之间的转换 .mp4

01 按 Ctrl+O 组合键，打开"素材 \Cha02\ 转换形状素材 .indd"文件，如图 2-44 所示。

图 2-44

02 打开【页面】面板，双击【A- 主页】选项，选择上方的矩形，如图 2-45 所示。

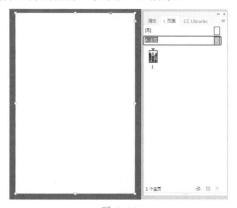

图 2-45

03 在菜单栏中选择【对象】|【转换形状】|【斜角矩形】命令，如图 2-46 所示，即可将对象转换为斜角矩形。

图 2-46

04 完成后的效果如图 2-47 所示。

图 2-47

提示：除了上述方法外，通过在菜单栏中选择【窗口】|【对象和版面】|【路径查找器】命令，在【路径查找器】面板中单击【转换形状】选项组中的按钮，也可以实现不同形状之间的转换。

2.2 路径的基本操作

本节讲解关于路径的基本操作，掌握路径的基本操作后可以更好地绘制图形。

2.2.1 认识路径与其他图形工具

下面介绍路径与其他图形工具，其中包括【直线工具】、【铅笔工具】、【平滑工具】、【抹除工具】等。

1. 路径

路径分为简单路径、复合路径和复合形状 3 种类型。

◎ 简单路径：是复合路径和形状的基本模块。简单路径由一条开放或闭合路径（可能是自交叉的）组成。

◎ 复合路径：复合路径由两个或多个相互
交叉或相互截断的简单路径组成。

◎ 复合形状：复合形状可由简单路径、文
本框架、文本轮廓、复合路径及其他形
状组成。

2. 直线工具

在工具箱中单击【直线工具】按钮，
当光标变为-¦-时，单击鼠标左键并拖动到适
当的位置，松开鼠标左键，可以绘制出一条
任意角度的直线，如图 2-48 所示；在绘制的
同时按住 Shift 键，可以绘制水平、垂直或
45°及其倍数的直线，如图 2-49 所示。

图 2-48

图 2-49

3. 铅笔工具

使用【铅笔工具】就像用铅笔在纸上
绘图一样，对于快速素描和创建手绘外观最有
用。使用【铅笔工具】创建路径时不能设置锚
点的位置及方向线，可以在绘制完成后进行
修改。

（1）绘制开放路径。

在工具箱中单击【铅笔工具】按钮，
当光标变为时，在文档窗口中拖动鼠标绘
制路径，如图 2-50 所示；松开鼠标后的绘制
效果如图 2-51 所示。

图 2-50

图 2-51

（2）绘制封闭路径。

在工具箱中单击【铅笔工具】按钮，
当光标变为时，按住 Alt 键，在文档窗口
中单击并拖动鼠标，可以绘制封闭路径，如
图 2-52 所示。松开鼠标，可绘制出封闭路径，
效果如图 2-53 所示。

图 2-52

图 2-53

（3）连接两个路径。

在工具箱中单击【选择工具】按钮 ▶，选择两条开放路径，如图 2-54 所示；单击【铅笔工具】 ✐，将光标从一条路径的端点拖动到另一条路径的端点，按住 Ctrl 键，当光标变为 ✐ 时，将连接两个锚点或路径，如图 2-55 所示。松开鼠标，绘制效果如图 2-56 所示。

图 2-54

图 2-55

4. 平滑工具

可用【平滑工具】 ✐ 通过增加锚点或删

除锚点来平滑路径。在平滑锚点与路径时，应尽可能保持路径原有的形状并使路径平滑。

图 2-56

在工具箱中单击【直接选择工具】按钮 ▷，选择需要进行平滑处理的路径，如图 2-57 所示；在工具箱中单击【铅笔工具】按钮 ✐ 并单击鼠标右键，选择【平滑工具】 ✐，沿着要进行平滑处理的路径线拖动，如图 2-58 所示；重复进行平滑处理，直到路径达到需要的平滑度，效果如图 2-59 所示。

图 2-57

图 2-58

图 2-59

5. 抹除工具

使用【抹除工具】 ✎ 可以抹除现有路径、锚点或描边的一部分。

在工具箱中单击【选择工具】按钮 ▶，选择需要抹除的路径，如图 2-60 所示；在工具箱中单击【铅笔工具】按钮 ✐ 并单击鼠标右键，选择【抹除工具】 ✎，沿着需要抹除的路径拖动，如图 2-61 所示；抹除后的路径断开，生成两个端点，效果如图 2-62 所示。

图 2-60

图 2-61

图 2-62

■ 2.2.2　使用钢笔工具

使用【钢笔工具】 ✐ 可以绘制出许多精细和复杂的路径，例如可以绘制任意直线和曲线，还可以创建任意线条和闭合路径。

1. 绘制直线

直线是一种最简单的路径，可以使用【直线工具】 ╱ 和【钢笔工具】 ✐ 创建。使用【钢笔工具】 ✐ 还可以绘制具有多条直线段的曲线的形状。

在工具箱中单击【钢笔工具】按钮 ✐，在文档窗口中单击鼠标左键确定第一个锚点，在相应的位置单击鼠标左键，即可创建第二个锚点，绘制出直线路径，如图 2-63 所示，继续单击其他位置，即可继续绘制线条，如图 2-64 所示。

图 2-63

图 2-64

2. 绘制曲线线段

在工具箱中单击【钢笔工具】按钮 ✏️ ，在文档窗口中按住鼠标左键并拖动，可以调整第一个锚点，如图 2-65 所示；在相应的位置再次按住鼠标左键并拖动，可以调整第二个锚点，如图 2-66 所示；继续按住鼠标左键并拖动可绘制多个锚点和曲线线段路径，效果如图 2-67 所示。

图 2-65

图 2-66

图 2-67

3. 结合直线线段和曲线线段进行绘制

将绘制直线线段和曲线线段的技巧相结合，可以创建出包含有两种线段的线条。

01 在工具箱中单击【钢笔工具】按钮 ✏️ ，在文档窗口中创建一条曲线线段，将光标放置在曲线线段路径的一个端点上，当光标变为 ✏️ 时，单击鼠标左键将其转换为角点，如图 2-68 所示；在相应的位置单击，即可绘制出直线线段，如图 2-69 所示。

图 2-68

图 2-69

02 移动鼠标，在相应位置单击鼠标左键并拖动，即可绘制一条曲线线段路径，如图 2-70 所示。

图 2-70

■ 2.2.3 编辑路径

在 InDesign 2020 中，设计师绘制完路径后还需要进行调整，从而达到排版设计方面的要求。

1. 选取、移动锚点

创建路径后，在工具箱中单击【直接选择工具】按钮 ▷，选中的锚点将以实心正方形显示，如图 2-71 所示；按住鼠标左键拖动选中的锚点，拖动锚点时，两个相邻的线段会发生变化，该锚点的方向手柄并不受影响，如图 2-72 所示。

图 2-71

图 2-72

2. 增加、转换、删除锚点

设计师要为路径添加细节，使其效果更佳，则需要添加锚点来对路径的一部分进行更精确的控制和调整。

01 打开"素材\Cha02\乌镇之旅 .indd"文件，在工具箱中单击【直接选择工具】按钮 ▷，在文档窗口中选择需要添加锚点的路径，如图 2-73 所示。

图 2-73

02 在【钢笔工具】按钮 处单击鼠标右键，选择【添加锚点工具】，将光标移动到需要添加锚点的路径上，单击鼠标左键，为路径添加两个平滑点，如图 2-74 所示。

图 2-74

03 在工具箱中单击【直接选择工具】按钮 ▷，单击其他位置，再次单击路径，拖动左上角路径，将其调整至合适位置，效果如图 2-75 所示。

图 2-75

将曲线线段路径转换为直线线段路径，可以通过将路径的平滑点转换为角点来实现。

在工具箱中单击【直接选择工具】按钮 ▷，在文档窗口中单击需要编辑的路径，如图 2-76 所示；在【钢笔工具】按钮 ✐ 处单击鼠标右键，选择【转换方向点工具】 ⏷，将光标移动至需要转换的锚点上进行拖动，如图 2-77 所示。

图 2-76

图 2-77

将平滑点转换为角点，直接单击锚点即可，如图 2-78 所示。

图 2-78

要删除路径上的锚点，在工具箱中选择【直接选择工具】 ▷，在文档窗口中选择需要删除的锚点，按 Delete 键即可删除锚点，如图 2-79 所示。通过此方法删除锚点后，闭合的路径会变为开放路径。

图 2-79

在【钢笔工具】按钮 ✐ 处单击鼠标右键，选择【删除锚点工具】 ✐，将光标移动到需要删除的锚点的路径上，单击鼠标左键即可删除一个锚点，如图 2-80 所示。通过此方法删除锚点仅可以将选中的锚点删除，并不会将闭合路径改为开放路径。

图 2-80

3. 连接路径和断开路径

1）连接路径

① 使用【钢笔工具】连接路径。

在工具箱中选择【钢笔工具】 ✐，将光标放置在开放路径的端点上，当光标变为 ✐ 时单击鼠标，如图 2-81 所示；将光标移动至另一端点上，当光标变为 ✐ 时，单击鼠标即可连接路径，如图 2-82 所示。

图 2-81

图 2-82

② 使用面板连接路径。

选择一条开放路径，如图 2-83 所示，在菜单栏中选择【窗口】|【对象和版面】|【路径查找器】命令，打开【路径查找器】面板，单击【封闭路径】按钮 ⊙，即可将路径闭合，效果如图 2-84 所示。

图 2-83

图 2-84

2）断开路径

① 使用【剪刀工具】断开路径。

选择【直接选择工具】 ▷，在路径中选择需要断开的锚点，如图 2-85 所示；在工具箱中选择【剪刀工具】 ✂，如图 2-86 所示，在锚点处单击，可以将路径断开；选择【直接选择工具】 ，选择并拖动断开的锚点，如图 2-87 所示。

图 2-85

图 2-86

图 2-87

② 使用面板断开路径起始点。

在工具箱中选择【选择工具】 ，在文档窗口中选择要编辑的对象，这里选择矩形，如图 2-88 所示。在菜单栏中选择【窗口】|【对象和版面】|【路径查找器】命令，打开【路径查找器】面板，单击【开放路径】按钮 ，如图 2-89 所示。

将封闭的路径断开后，可以看到矩形的左上角为断开的锚点，也就是路径的起始点，如图 2-90 所示；使用【直接选择工具】 按

住并拖动断开的锚点，即可断开路径的起始点，如图 2-91 所示。

图 2-88

图 2-89

图 2-90

图 2-91

2.2.4　使用复合路径

在选择多条路径时，在菜单栏中选择【对象】|【路径】|【建立复合路径】命令，可以把多个路径转换为一个对象。【建立复合路径】命令与【编组】命令有些相似，它们之间的区别是在编组状态下，组中的每个对象仍然保持其原来的属性。例如描边的颜色和宽度、填色或者渐变色等。而在建立复合路径时，最后一条路径的属性将被应用于所有其他路径上。使用复合路径可以快速地制作一些其他工具难以制作的复杂图形，如图 2-92 所示。

图 2-92

1. 创建复合路径

利用开放路径和封闭路径以及文本等都可以创建复合路径。创建复合路径时，所有的原路径成为复合形状的子路径，并应用最后的路径的填充和描边设置。创建复合路径后，可以修改或移动任意的子路径。

在菜单栏中选择【建立复合路径】命令后，若结果和预期的效果不一样，可以撤销操作，然后修改路径的叠放顺序，再次执行【建立复合路径】命令。

执行【建立复合路径】命令后，如果选择包含了文本或图形的框架，那么最后得到的复合路径将保留最底层的框架内容。如果最底层框架内没有内容，则复合路径将保留最底层上面的框架内容。

2. 编辑复合路径

创建复合路径后，可以使用【直接选择工具】在任意的子路径上单击，拖动其锚点或方向手柄改变其形状，还可以使用【钢笔工具】【添加锚点工具】【删除锚点工具】【转换方向点工具】根据自己的需要来修改子路径的形状。

在编辑复合路径时，同样可以使用【描边】面板、【色板】面板、【颜色】面板、【变换】面板以及【控制】面板对复合路径的外观进行编辑，所做的修改将应用于所有的子路径。

如果需要删除路径，必须使用【删除锚点工具】删除其选择的锚点。如果删除的是封闭路径的一个锚点，则该路径将转换为开放路径。

3. 分解复合路径

在 InDesign 2020 中，除了可以创建复合路径外，还可以对其进行分解。如果决定要分解复合路径，可在文档窗口中选择要分解的复合路径，然后在菜单栏中选择【对象】|【路径】|【释放复合路径】命令，如图 2-93 所示。最终得到的路径保留了复合路径时的属性。

图 2-93

2.2.5　制作复合形状

复合形状是由简单路径或复合路径、文本框架、文本轮廓或其他形状通过相加、减去或交叉等编辑后的对象制作而成的。

1. 相加

在工具箱中选择【选择工具】▶，在文档窗口中选择图形对象，如图 2-94 所示；在菜单栏中选择【窗口】|【对象和版面】|【路径查找器】命令，打开【路径查找器】面板，在【路径查找器】面板中单击【相加】按钮█，即可完成相加效果，如图 2-95 所示。

图 2-94

图 2-95

2. 减去

【减去】是从最底层的对象中减去最前方的对象，被修剪后的对象保留其填充和描边的属性。

在工具箱中选择【选择工具】▶，在文档窗口中选择图形对象，如图 2-96 所示；在菜单栏中选择【窗口】|【对象和版面】|【路径查找器】命令，打开【路径查找器】面板，单击【减去】按钮█，即可对选中的图形进行修剪，完成后的效果如图 2-97 所示。

图 2-96

图 2-97

3. 交叉

【交叉】是将两个或两个以上对象的相交部分保留，使相交的部分成为一个新的图形对象。

在文档窗口中选择图形对象，如图 2-98 所示；在【路径查找器】面板中单击【交叉】按钮█，完成后的效果如图 2-99 所示。

图 2-98

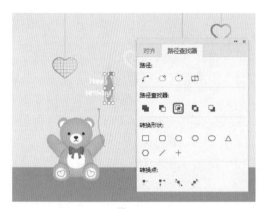

图 2-99

4. 排除重叠

【排除重叠】是减去前面图形的重叠部分，将不重叠的部分创建成图形。

在文档窗口中选择需要进行操作的对象，在【路径查找器】面板中单击【排除重叠】按钮，完成后的效果如图 2-100 所示。

5. 减去后方对象

【减去后方对象】是减去后面的图形，并减去前后图形的重叠部分，保留前面图形的剩余部分。

在文档窗口中选择需要进行操作的对象，

在【路径查找器】面板中单击【减去后方对象】按钮，完成后的效果如图 2-101 所示。

图 2-100

图 2-101

课后项目
练习

月饼盒包装设计

月饼又称月团、小饼、丰收饼、团圆饼等，是中秋节的风俗食品。月饼最初是用来拜祭月神的供品。发展至今，吃月饼和赏月已经成为中国各地过中秋节的传统习俗。月饼盒包装设计效果如图 2-102 所示。

课后项目练习效果展示

图 2-102

课后项目练习过程概要

（1）使用【矩形工具】制作月饼盒包装的封面，并置入素材封面文件，适当调整其位置与大小。

（2）使用【文字工具】丰富月饼盒包装的内容。

素材	素材 \Cha02\ 月饼盒素材 01.png、月饼盒素材 02.png、月饼盒素材 03.png、月饼盒素材 04.png、月饼盒素材 05.png、月饼盒素材 06.png、月饼盒素材 07.png、月饼盒素材 08.png
场景	场景 \Cha02\ 月饼盒包装设计 .indd
视频	视频教学 \Cha02\ 月饼盒包装设计 .mp4

01 新建一个【宽度】【高度】分别为470毫米、360毫米，【页面】为1，【边距】为0毫米的文档，在工具箱中单击【矩形工具】按钮□，在文档窗口中绘制矩形，将【填色】设置为#ec252e，【描边】设置为无，W、H分别设置为300毫米、200毫米，X、Y分别设置为235毫米、180毫米，如图2-103所示。

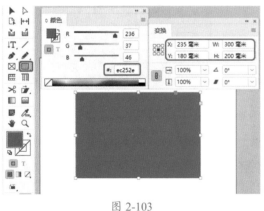

图 2-103

02 确认矩形处于选中状态，按 Ctrl+D 组合键，弹出【置入】对话框，选择"素材\Cha02\ 月饼盒素材 01.png"，单击【打开】按钮，将其 W、H 分别设置为 300 毫米、200 毫米，按Ctrl+Shift+F10组合键，打开【效果】面板，将【不透明度】设置为 15%，如

图 2-104 所示。

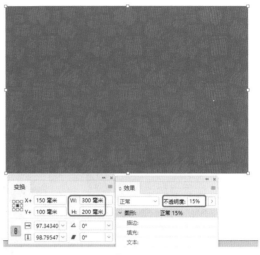

图 2-104

03 在工具箱中单击【文字工具】按钮 T，在文档窗口中绘制一个文本框，输入文字，选中输入的文字，将【字体】设置为【方正行楷简体】，【字体大小】设置为 200 点，【填色】设置为 #ffffff，W、H 均设置为 76 毫米，X、Y 分别设置为 301.5 毫米、125 毫米，如图 2-105 所示。

图 2-105

04 再次使用【文字工具】在文档窗口中绘制一个文本框，输入文字，选中输入的文字，将【字体】设置为【方正行楷简体】，

【字体大小】设置为 200 点，【填色】设置为 #ffffff，将 W、H 均设置为 72 毫米，X、Y 分别设置为 336.5 毫米、172 毫米，如图 2-106 所示。

图 2-106

05 在工具箱中单击【椭圆工具】按钮，在文档窗口中按住 Shift 键绘制一个正圆，选中绘制的正圆，将【填色】设置为 #dda039，【描边】设置为无，在【变换】面板中将 W、H 均设置为 23 毫米，并调整其位置，效果如图 2-107 所示。

图 2-107

06 在工具箱中单击【文字工具】按钮，在文档窗口中绘制一个文本框，输入文字，选中输入的文字，将【字体】设置为【隶书】，【字体大小】设置为 60 点，【填色】设置为 #ffffff，并在文档窗口中调整文字的位置，效果如图 2-108 所示。

图 2-108

07 在工具箱中单击【选择工具】按钮，在文档窗口中选择绘制的圆形及圆形上方的文字，按住 Alt 键向下拖曳选中的对象，并修改复制后的文字，效果如图 2-109 所示。

图 2-109

08 在工具箱中单击【钢笔工具】按钮，在文档窗口中绘制图形，将【填色】设置为 #dda039，【描边】设置为无，如图 2-110 所示。

09 再次使用【钢笔工具】在文档窗口中绘制如图 2-111 所示的图形，为其填充任意颜色，将【描边】设置为无。

10 在工具箱中单击【选择工具】按钮，在文档窗口中按住 Shift 键选择绘制的两个图形，在菜单栏中选择【对象】|【路径查找器】|【减去】命令，如图 2-112 所示。

图 2-110

图 2-111

图 2-112

11 选中操作后的对象，按住 Alt 键对选中的图形进行复制，并调整其大小与位置，效果如图 2-113 所示。

图 2-113

12 在工具箱中单击【直排文字工具】按钮 T，在文档窗口中绘制一个文本框，输入文字，选中输入的文字，将【字体】设置为【黑体】，【字体大小】设置为 15 点，【字符间距】设置为 75，【填色】设置为 #dda039，如图 2-114 所示。

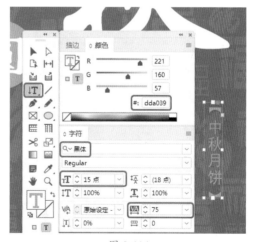
图 2-114

13 再次使用【直排文字工具】在文档窗口中绘制一个文本框，输入文字，选中输入的文字，将【字体】设置为【黑体】，【字体大小】设置为 12 点，【填色】设置为 #dda039，如图 2-115 所示。

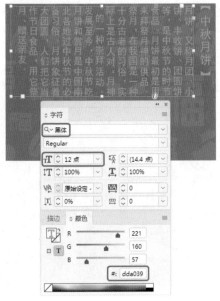

图 2-115

14 在工具箱中单击【矩形工具】按钮 ，在文档窗口中绘制一个矩形，将【填色】设置为 #e70000，【描边】设置为无，W、H 均设置为 9 毫米，将其调整至合适的位置，如图 2-116 所示。

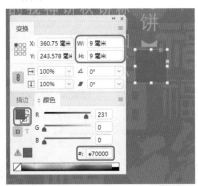

图 2-116

15 在菜单栏中选择【对象】|【角选项】命令，弹出【角选项】对话框，将【转角大小】设置为 2 毫米，【转角形状】设置为圆角，如图 2-117 所示。

16 设置完成后，单击【确定】按钮，在工具箱中单击【直排文字工具】按钮，在文档窗口中绘制一个文本框，输入文本并选中输入的文本，将【字体】设置为【方正水柱简

体】，【字体大小】设置为 8 点，【字符间距】设置为 300，【填色】设置为 #ffffff，如图 2-118 所示。

图 2-117

图 2-118

17 根据前文介绍的方法置入"月饼盒素材02.png""月饼盒素材03.png""月饼盒素材04.png"文件，绘制图形并输入文字，效果如图 2-119 所示。

18 在工具箱中单击【直线工具】按钮，

在文档窗口中按住 Shift 键的同时按住鼠标左键并拖动，绘制一条水平直线，将【填色】设置为无，【描边】设置为#dfae58，【粗细】设置为 0.5 点，【端点】设置为圆头端点，如图 2-120 所示。

图 2-119

图 2-120

> 提示：如果置入的素材图像显示不清，可以在菜单栏中选择【视图】|【显示性能】|【高品质显示】命令或按 Ctrl+Alt+Shift+9 组合键，更改素材图像的显示方式。

19 使用同样的方法绘制其他直线线段，并根据前文介绍的方法绘制图形，输入文本，进行设置，如图 2-121 所示。

20 在工具箱中单击【矩形工具】按钮 □，在文档窗口中绘制一个矩形，选中绘制的矩形，将【填色】设置为#ec252e，【描边】设

置为无，在【变换】面板中将 W、H 分别设置为 85 毫米、200 毫米，并调整其位置，效果如图 2-122 所示。

图 2-121

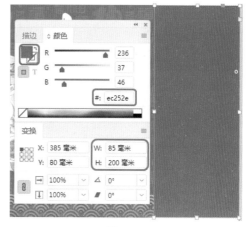

图 2-122

21 在工具箱中单击【文字工具】按钮 T.，在文档窗口中绘制一个文本框，在文本框中输入文字，选中输入的文字，在【字符】面板中将【字体】设置为【创艺简黑体】，【字体大小】设置为 12 点，【行距】设置为 30 点，【字符间距】设置为 50，【填色】设置为#ffffff，如图 2-123 所示。

22 根据前文介绍的方法制作其他对象，并置入相应的素材，效果如图 2-124 所示。

图 2-123

图 2-124

第3章

西餐厅宣传单页设计——图片与页面处理

    InDesign 2020 本身并不能处理复杂的图片，将已处理好的文字、图像图形通过赏心悦目的安排，可以达到突出主题的目的。因此在编排期间，图片与页面的处理是影响创作发挥和工作效率的重要环节，是否能够灵活处理图片与页面显得非常关键。

案例精讲
西餐厅宣传单页设计

为了更好地完成本设计案例，现对制作要求及设计内容做如下规划，效果如图 3-1 所示。

作品名称	西餐厅宣传单页设计
作品尺寸	210 毫米 ×297 毫米
设计创意	（1）在【页面】面板中新建主页，制作出西餐厅宣传单页的背景，置入素材丰富页面。 （2）使用【文字工具】输入封面标题并进行设置，通过【矩形工具】、【直线工具】、【文字工具】制作出其他内容。
主要元素	（1）西餐宣传单背景； （2）西餐牛排图片。
应用软件	InDesign 2020
素材	素材 \Cha03\ 西餐厅素材 01.jpg、西餐厅素材 02.png ～ 西餐厅素材 04.png、西餐厅素材 05.jpg ～ 西餐厅素材 09.jpg、二维码 .png
场景	场景 \Cha03\【案例精讲】西餐厅宣传单页设计 .indd
视频	视频教学 \Cha03\【案例精讲】西餐厅宣传单页设计 .mp4
西餐厅宣传单页效果欣赏	 图 3-1
备注	

01 按 Ctrl+N 组合键，弹出【新建文档】对话框，将【宽度】【高度】分别设置为 210 毫米、297 毫米，【页面】设置为 1，勾选【对页】复选框，单击【边距和分栏】按钮，在弹出的对话框中将【上】【下】【内】【外】均设置为 0 毫米，【栏数】设置为 1，单击【确定】按钮。在【页面】面板中选择页面，单击鼠标右键，在弹出的快捷菜单中取消选择【允许文档页面随机排布】命令，再次在页面上单击鼠标右键，在弹出的快捷菜单中选择【直接复制跨页】命令，设置完成后的页面效果如图 3-2 所示。

02 在【页面】面板中双击【A- 主页】左侧的页面，按 Ctrl+D 组合键，在弹出的对话框中选择"素材 \Cha03\ 西餐厅素材 01.jpg"，如图 3-3 所示。

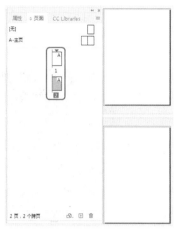

图 3-2

图 3-3

03 单击【打开】按钮，在空白位置单击鼠标，即可将选中的素材文件置入文档中，并调整其大小与位置，如图 3-4 所示。

图 3-4

04 选中置入的素材图像，按住 Alt 键向右拖曳鼠标，对其进行复制，效果如图 3-5 所示。

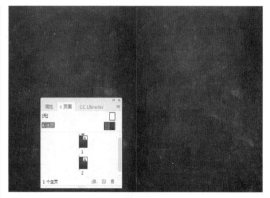

图 3-5

05 双击页面 1，将"西餐厅素材 02.png""西餐厅素材 03.png""西餐厅素材 04.png"素材文件置入文档中，并调整其大小与位置，效果如图 3-6 所示。

图 3-6

06 在工具箱中单击【文字工具】按钮 **T**，在页面中绘制一个文本框，输入文字，选中输入的文字，在【属性】面板中将【填色】的 CMYK 值设置为 0、0、0、0，【字体】设置为【汉仪尚巍手书 W】，【字体大小】设置为 105 点，【字符间距】设置为 –130，并调整其位置，如图 3-7 所示。

07 在工具箱中单击【矩形工具】按钮 ▫，绘制矩形，将【填色】的 CMYK 值设置为 57%、78%、75%、27%，【描边】设置为无，将【变换】面板中的 W、H 均设置为 9.7 毫米，如图 3-8 所示。

图 3-7

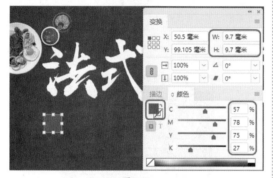

图 3-8

08 选中矩形，在菜单栏中选择【对象】|
【角选项】命令，弹出【角选项】对话框，将【转
角形状】设置为圆角，【转角大小】设置为 1
毫米，如图 3-9 所示。

图 3-9

09 单击【确定】按钮，选中设置完成后的圆
角矩形，对图形进行复制并调整对象的位置，
如图 3-10 所示。

10 在工具箱中单击【文字工具】按钮 T，
绘制一个文本框并输入文本，将【填色】的

CMYK 值设置为 0、0、0、0，【字体】设置
为【创艺简黑体】，【字体大小】设置为 22 点，
【字符间距】设置为 500，如图 3-11 所示。

图 3-10

图 3-11

11 使用【文字工具】绘制文本框，确认光
标置于文本框内，打开【字符】面板，将【字
体】设置为【方正兰亭粗黑简体】，【字体
大小】设置为 80 点。打开【字形】面板，将【显
示】设置为【破折号和引号】，双击如图 3-12
所示的字形，选中字形符号，将【填色】的
CMYK 值设置为 57%、78%、75%、27%，并
调整其位置。

12 使用【文字工具】输入文本，将【字
体】设置为 Myriad Pro，【字体系列】设置为
Semibold，【字体大小】设置为 12 点，【行距】
设置为 14.4 点，【字符间距】设置为 30，【填

色】的 CMYK 值设置为 0、0、0、0，如图 3-13 所示。

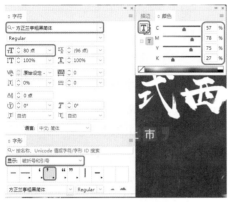

图 3-12

图 3-13

13 使用【文字工具】输入文本，将【字体】设置为【微软雅黑】，【字体系列】设置为 Bold，【字体大小】设置为 20 点，【字符间距】设置为 100，【填色】的 CMYK 值设置为 0、0、0、0，如图 3-14 所示。

图 3-14

14 使用【文字工具】输入文本，将【字体】设置为【微软雅黑】，【字体系列】设置为 Bold，【字体大小】设置为 10 点，【行距】设置为 12 点，【字符间距】设置为 100，【填色】的 CMYK 值设置为 0、0、0、0，如图 3-15 所示。

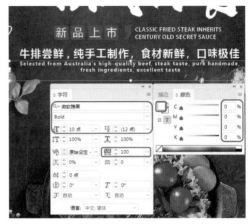

图 3-15

15 在【页面】面板中双击页面 2，使用同样的方法在页面 2 中输入文本，如图 3-16 所示。

图 3-16

16 在工具箱中单击【直线工具】按钮 ，绘制直线段，将【描边】设置为白色，在【描边】面板中将【粗细】设置为 1.5 点，【类型】设置为虚线（4 和 4），如图 3-17 所示。

17 对绘制的直线段进行复制并调整对象的位置，按 Ctrl+D 组合键，置入 "素材\Cha03\西餐厅素材 05.jpg"，适当地调整对象的大小及位置，如图 3-18 所示。

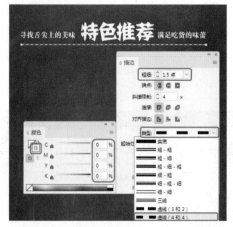

图 3-17

图 3-18

18 在工具箱中单击【文字工具】按钮 T，输入文本，将【字体】设置为【微软雅黑】，【字体系列】设置为 Bold，【字体大小】设置为 15 点，【字符间距】设置为 100，【填色】的 CMYK 值设置为 0、0、0、0，如图 3-19 所示。

图 3-19

19 根据前文介绍的方法将"西餐厅素材06.jpg"素材文件置入文档中，并调整其大小与位置。使用【钢笔工具】绘制图形，将【填色】的 CMYK 值设置为 11%、99%、99%、0，【描边】设置为无，如图 3-20 所示。

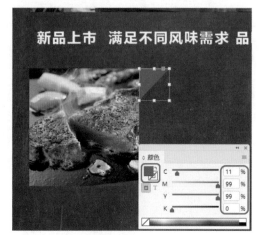

图 3-20

20 在工具箱中单击【文字工具】按钮 T，输入文本，将【字体】设置为【微软雅黑】，【字体系列】设置为 Bold，【字体大小】设置为 10 点，【字符间距】设置为 100，【填色】的 CMYK 值设置为 0、0、0、0，在【变换】面板中将【旋转角度】设置为 50°，如图 3-21所示。

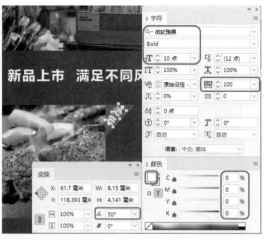

图 3-21

21 使用【钢笔工具】绘制三角形，将【填色】的 CMYK 值设置为 50%、46%、43%、0，【描边】设置为无，如图 3-22 所示。

图 3-22

22 选中绘制的灰色三角形，按住 Alt+Shift 组合键并拖曳鼠标进行水平复制，调整对象的位置，效果如图 3-23 所示。

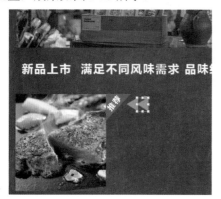

图 3-23

23 在工具箱中单击【文字工具】按钮 T，输入文本，将【字体】设置为【微软雅黑】，【字体系列】设置为 Bold，【字体大小】设置为 10 点，【字符间距】设置为 100，【填色】的 CMYK 值设置为 0、0、0、0，如图 3-24 所示。

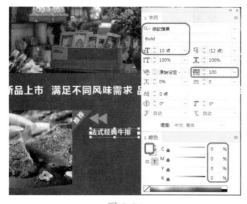

图 3-24

24 在工具箱中单击【多边形工具】按钮 ◯，在文档窗口中单击鼠标，弹出【多边形】对话框，将【多边形宽度】【多边形高度】均设置为 3.5 毫米，【边数】设置为 5，【星形内陷】设置为 50%，如图 3-25 所示。

图 3-25

25 单击【确定】按钮，即可创建一个星形，调整星形的位置，将【填色】的 CMYK 值设置为 6%、42%、90%、0，【描边】设置为无，如图 3-26 所示。

图 3-26

26 在菜单栏中选择【编辑】【多重复制】命令，弹出【多重复制】对话框，将【垂直】【水平】分别设置为 0 毫米、4.7 毫米，【计数】设置为 4，如图 3-27 所示。

图 3-27

27 单击【确定】按钮，即可对星形进行多重复制，效果如图 3-28 所示。

图 3-28

28 使用【文字工具】输入文本，将【字体】
设置为【方正粗宋简体】，【字体大小】设
置为 5 点，【行距】设置为 5 点，【字符间距】
设置为 100，【填色】的 CMYK 值设置为 0、
0、0、0，在【段落】面板中单击【居中对齐】
按钮▤，如图 3-29 所示。

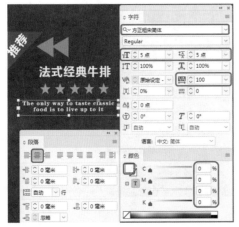

图 3-29

29 使用【文字工具】输入文本，将【字体】
设置为【方正大黑简体】，【字体大小】设
置为 8 点，【字符间距】设置为 50，【填色】
的 CMYK 值设置为 0、0、0、0，如图 3-30
所示。

30 在工具箱中单击【矩形工具】按钮▭，
绘制一个矩形，将【填色】的 CMYK 值设置
为 37%、99%、100%、3%，【描边】设置为无，
将【变换】面板中的 W、H 分别设置为 17 毫
米、5 毫米，如图 3-31 所示。

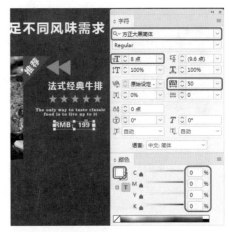

图 3-30

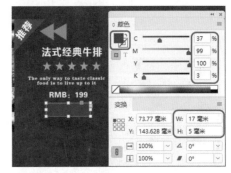

图 3-31

31 选中绘制的矩形，在菜单栏中选择【对象】
|【角选项】命令，弹出【角选项】对话框，
将【转角形状】设置为斜角，将【转角大小】
设置为 1 毫米，如图 3-32 所示。

图 3-32

32 单击【确定】按钮，使用【文字工具】输
入文本，将【字体】设置为【方正大标宋简
体】，【字体大小】设置为 9 点，【字符间距】
设置为 100，【填色】的 CMYK 值设置为 0、
0、0、0，如图 3-33 所示。

图 3-33

33 置入其他素材文件，并使用同样的方法制作其他内容，效果如图 3-34 所示。

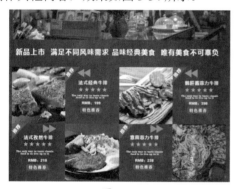

图 3-34

34 在工具箱中单击【矩形工具】按钮 □，绘制矩形，将【填色】的 CMYK 值设置为 37%、99%、100%、3%，【描边】设置为无，在【变换】面板中将 W、H 均设置为 15 毫米，如图 3-35 所示。

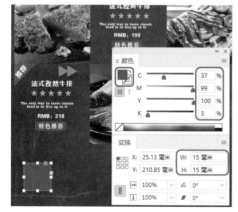

图 3-35

35 选中绘制的矩形，按住 Alt+Shift 组合键拖曳鼠标进行水平复制，调整对象的位置，效果如图 3-36 所示。

图 3-36

36 使用【文字工具】输入文本，将【字体】设置为【微软雅黑】，【字体系列】设置为 Bold，【字体大小】设置为 35 点，【字符间距】设置为 320，【填色】的 CMYK 值设置为 0、0、0、0，如图 3-37 所示。

图 3-37

37 使用【文字工具】输入文本，将【字体】设置为【方正粗活意简体】，【字体大小】设置为 30 点，【字符间距】设置为 0，【填色】的 CMYK 值设置为 0、0、0、0，如图 3-38 所示。

38 使用同样的方法输入其他文字内容，并进行相应的设置，效果如图 3-39 所示。

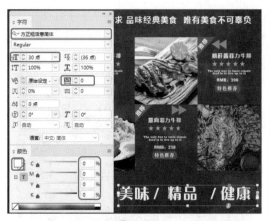

图 3-38

图 3-39

39 使用【直线工具】绘制两条直线段，将【描边】的 CMYK 值设置为 0、0、0、0，将【粗细】设置为 1 点，如图 3-40 所示。

图 3-40

40 使用【文字工具】分别输入文本，将【字体】设置为【方正大黑简体】，【字体大小】

设置为 8 点，【字符间距】设置为 100，【填色】的 CMYK 值设置为 0、0、0、0，如图 3-41 所示。

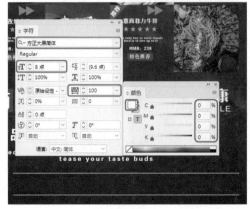

图 3-41

41 使用【矩形工具】绘制一个矩形，将【填色】设置为无，【描边】的 CMYK 值设置为 0、0、0、0，将【描边】面板中的【粗细】设置为 1 点，在【变换】面板中将 W、H 均设置为 7 毫米，如图 3-42 所示。

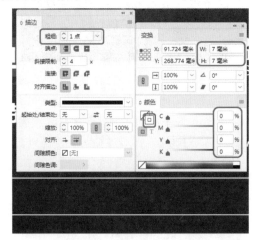

图 3-42

42 使用【钢笔工具】绘制如图 3-43 所示的白色图形，将【描边】设置为无。

43 使用【矩形工具】绘制矩形，将【填色】的 CMYK 值设置为 0、0、0、100%，【描边】设置为无，将【变换】面板中的 W、H 均设置为 0.5 毫米，对黑色矩形进行多次复制并调整对象的位置，如图 3-44 所示。

美化版面。

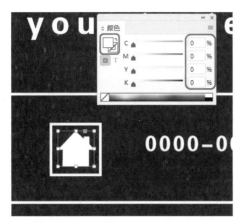

图 3-43

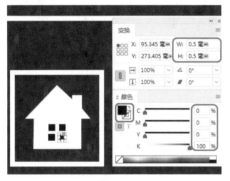

图 3-44

44 使用同样的方法绘制如图 3-45 所示的手机标志，置入"素材 \Cha03\ 二维码 .png"，并调整对象的位置及大小。

图 3-45

3.1 图片的基本操作与应用

位图元素是版面中不可缺少的一部分，它不仅能够起到信息传达的作用，而且能够

■ 3.1.1 合格的印刷图片

在为客户制作项目时，客户提供的资料图片来源很多，如数码照片、网上图片等，这些图片都需要设计师在图像处理软件中进行处理，然后将处理后的图片放到 InDesign 软件中进行排版设计。下面将介绍图片的格式、模式和分辨率等。

1. 图片的格式

InDesign 2020 支 持 PSD、JPEG、PDF、TIFF、EPS 和 GIF 等多种图片格式，在印刷方面最常用到的是 TIFF、JPEG、EPS、PSD 和 AI 格式，下面进行具体介绍。

1）TIFF

在印刷方面多以 TIFF 格式为主。TIFF 是 Tagged Image File Format（标签图像文件格式）的简写，是一种用来存储照片和艺术图片等图像的文件格式。TIFF 格式是最复杂的一种位图文件格式，它是基于标记的文件格式，广泛应用于对图像质量要求较高的图像存储与转换。由于它的结构灵活和兼容性强，已经成为图像文件格式的一种标准，绝大多数图像系统都支持这种格式。

需要注意的是，如果图片尺寸过大，存储为 TIFF 格式会使图片在输出时出现错误的尺寸，这时可以将图片存储为 EPS 格式。

2）JPEG

JPEG 的压缩方式通常是破坏性资源压缩，在压缩的过程中，图像的品质会遭到可见的破坏。因此，通常只在创作的最后阶段以 JPEG 格式保存一次图片即可。

因为 JPEG 格式是采用有损压缩的方式，所以在操作时必须注意以下几点。

◎ 四色印刷使用 CMYK 模式。

◎ 限于对精度要求不高的印刷品。

◎ 不宜在编辑修改过程中反复存储。

3）EPS

EPS 文件格式又被称为带有预视图像的 PS 格式，它的"封装"单位是一个页面，其只包含一个页面的描述。EPS 文件格式是目前桌面印刷系统普遍使用的通用交换格式当中的一种综合格式。EPS 格式可用于像素图片、文本以及矢量图形。创建或编辑 EPS 文件的软件可以定义容量、分辨率、字体、其他格式化和打印信息等，这些信息被嵌入 EPS 文件中，然后由打印机读出并处理。

4）PSD

PSD 格式可包含图层、通道、遮罩等，需要多次进行修改的图片存储为 PSD 格式可以在下次打开时很方便地修改；缺点是增加文件量，打开文件速度缓慢。

5）AI

AI 是一种矢量图格式，可用于矢量图形及文本，如在 Illustrator 软件中编辑的图像可以存储为 AI 格式。它的优点是占用硬盘空间小，打开速度快，方便格式转换。

2. 图片的模式

一般图片常用到 4 种颜色模式：RGB、CMYK、灰度、位图，根据不同的需要可以将图像设置为不同的颜色模式，如用于印刷的图像的颜色模式为 CMYK。

1）RGB 与 CMYK

在排版过程中，彩色图片的颜色模式可以是 RGB，也可以是 CMYK 或者其他模式，而用于印刷的图片颜色模式必须是 CMYK，以避免颜色偏差。

其原因在于：RGB 模式是由红色、绿色和蓝色三种颜色为基色进行叠加的色彩模式，例如，显示器是以 RGB 模式工作的。

CMYK 模式是一种依靠反光显示的色彩模式，印刷品上的图像都是以 CMYK 模式表现的。而 RGB 模式的色彩范围大于 CMYK

模式，所以 RGB 模式能够表现许多颜色，尤其是鲜艳而明亮的色彩，不过前提是显示器的色彩必须是经过校正的，才不会出现图片色彩的失真，这种色彩在印刷时是难以印出来的。这也是把图片色彩模式从 RGB 模式转换到 CMYK 模式时画面会变暗的主要原因，如图 3-46 所示。

RGB模式　　　　　　　CMYK模式

图 3-46

应注意的是，对于所打开的图片，不要在 CMYK 和 RGB 这两种模式之间进行多次转换。因为在图像处理软件中，每进行一次图片色彩空间的转换，都将损失一部分原图片的细节信息。对于要印刷的图片，在处理时应将其转换为 CMYK 模式再进行其他处理。

2）灰度与位图

灰度与位图模式是最基本的颜色模式。灰度模式能充分表现出图像的明暗信息，拥有丰富细腻的阶调变化，如图 3-47 所示。

位图即为黑白图，位图的每个像素只能用一位二进制数来表达 1 和 0，即有和无，不存在中间调部分，如图 3-48 所示。因此，灰度图看上去比较流畅，而位图则会显得过渡层次有点不清楚。如果图片是用于非彩色印刷而又需要表现图片的阶调，一般用灰度模式；如果图片只有黑和白颜色，不需要表现阶调层次，则用位图。

图 3-47　　　　　　图 3-48

图片模式为位图和灰度的图片，可以在 InDesign 2020 中对其进行上色，操作步骤如下。

01 启动软件，新建一个【宽度】【高度】分别为 212 毫米、141 毫米的文档，在菜单栏中选择【文件】|【置入】命令，在弹出的对话框中选择"素材 \Cha03\ 素材 01.jpg"，如图 3-49 所示。

图 3-49

02 单击【打开】按钮，在文档窗口中绘制一个与页面大小相同的框架，效果如图 3-50 所示。

图 3-50

03 选中置入的图片，按 F5 键打开【色板】面板，在【色板】面板中单击【C=0 M=0 Y=100 K=0】颜色，将【色调】设置为 60%，如图 3-51 所示。

图 3-51

04 执行该操作后，即可为选中的图片上色，效果如图 3-52 所示。

图 3-52

3. 图片的分辨率

图片的分辨率以比例关系影响着文件的大小，因为图片的用途不一样，所以图片的分辨率也会不同。本节介绍网页、喷绘和印刷品的分辨率。

1）网页

因为互联网上的信息量较大、图片较多，所以图片的分辨率不宜太高，否则会影响打开网页的速度。用于网页上的图片分辨率一般在 72dpi 就可以，如图 3-53 所示。

2）喷绘

喷绘是一种基本的、较传统的表现技法，它的表现更细腻真实，其输出的画面很大。

喷绘的图片对于分辨率没有标准要求，但需要结合喷绘尺寸大小、使用材料、悬挂高度和使用年限等诸多因素来考虑。因此输出图片的分辨率一般在 30 ～ 45dpi，如图 3-54 所示。

图 3-53

图 3-54

3）印刷品

印刷品的分辨率要比喷绘和网页的要求高。下面以 3 种常见出版物为例介绍印刷品分辨率的设置。

① 报纸。

报纸以文字为主、图片为辅，所以分辨率一般在 150dpi，但是彩色报纸对彩图的要求要比黑白报纸的单色图高，一般在 300dpi。

② 期刊和杂志。

期刊和杂志的分辨率一般在 300dpi，如图 3-55 所示，但也要根据实际情况来设定，比如期刊和杂志的彩页部分的分辨率需要设置 300dpi，而不需要彩图的黑白部分的分辨率可以设置得低一些。

图 3-55

③ 画册。

画册以图为主、文字为辅，如图 3-56 所示，所以对图片的质量要求较高。普通画册的分辨率可设置在 300dpi，精品画册就需要更高的分辨率，一般在 350 ～ 400dpi。

图 3-56

■ 3.1.2 图片的置入

置入图片是排版的基本操作，在 InDesign 2020 中置入图片是比较重要的操作。置入的图片都带链接，可以方便地回到原来的图像处理软件中继续编辑，且能减小文档。置入图片的操作步骤如下。

01 启动软件，新建一个【宽度】【高度】分别为 212 毫米、141 毫米的文档，在菜单栏中选择【文件】|【置入】命令，如图 3-57 所示。

图 3-57

02 在弹出的对话框中选择"素材 \Cha03\ 素材 02.jpg"，如图 3-58 所示。

图 3-58

提示：除了可以通过命令将图片置入文档外，还可以通过按 Ctrl+D 组合键将图片置入文档中。

03 单击【打开】按钮，在空白位置单击鼠标，即可将选中的素材文件置入文档中，在文档窗口中调整其大小与位置，效果如图 3-59 所示。

图 3-59

置入图片时，在【置入】对话框的下方有 4 个复选框。

◎ 【显示导入选项】复选框：勾选【显示导入选项】复选框后，在置入图片时，软件会根据置入对象的格式弹出相应的选项内容，图 3-60 所示为导入 JPG 格式时所弹出的【图像导入选项】对话框。

图 3-60

◎ 【创建静态题注】复选框：勾选【创建静态题注】复选框后，会创建显示在页面中的描述性的文本。

◎ 【替换所选项目】复选框：勾选【替换所选项目】复选框后，可以将文档中预先选择的对象替换为后面所置入的对象。

◎ 【应用网格格式】复选框：勾选该复选框后，只对文字产生作用。

■ 3.1.3　管理图片链接

InDesign 2020 可以将图片都显示在【链接】面板中，设计师可以从中随时编辑、更新图片。需要注意的是，当移动 indd 文档至其他计算机时，应同时将附带的链接图片一起移动。下面讲解如何通过【链接】面板快速查找、更换图片，编辑已置入图片和嵌入图片链接。

1. 快速查找图片

当素材库中存有很多图片时，在其中寻找某张图片是很麻烦的。通过【转到链接】命令，可以快速查找图片所在的页面位置，前提是设计师要给每张图片规范起名字才能方便查找。

快速查找图片的操作步骤如下。

`01` 按 Ctrl+O 组合键，在弹出的对话框中选择"素材 \Cha03\ 图集 .indd"，单击【打开】按钮，将选中的素材文件打开，效果如图 3-61 所示。

图 3-61

`02` 在菜单栏中选择【窗口】|【链接】命令，打开【链接】面板，如图 3-62 所示。

`03` 在【链接】面板中选择"素材 03.jpg"素材文件，单击 ≡ 按钮，在弹出的下拉列表中选择【转到链接】命令，如图 3-63 所示。

图 3-62

图 3-63

`04` 执行该操作后，即可快速查找到选中所链接的对象，效果如图 3-64 所示。

图 3-64

命令，同样也可以替换图片。

图 3-66

2. 更换图片

在【链接】面板中，单击【重新链接】按钮 🔗 ，可以将当前选中的图片更换为其他图片，还可以重新链接丢失链接的图片。

重新更换图片的操作步骤如下。

01 在【链接】面板中选择"素材 06.jpg"素材文件，单击【重新链接】按钮 🔗 ，如图 3-65 所示。

图 3-65

02 在弹出的对话框中选择"素材 \Cha03\ 素材 07.jpg"，如图 3-66 所示。

03 单击【打开】按钮，即可完成图片的更换，效果如图 3-67 所示。

图 3-67

除了上述方法外，还可以在【链接】面板中选择要替换的图像后，单击 ≡ 按钮，在弹出的下拉列表中选择【重新链接】命令，如图 3-68 所示。或者在选择的图像上单击鼠标右键，在弹出的快捷菜单中选择【重新链接】

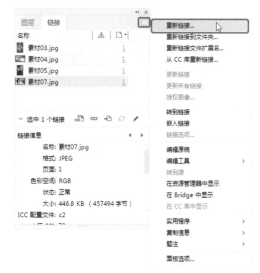

图 3-68

当【链接】面板中出现 ❓ 时表示图片所链接的位置发生了变化，软件找不到该图片。如果将 InDesign 2020 文档或图片的原始文件移动到其他文件夹，或者为图片重命名，则会出现此种情况。

重新链接丢失链接图片的具体操作步骤如下。

01 单击【链接】面板中丢失的图片后，单击 ❓ 按钮会弹出【定位】对话框，如图 3-69 所示。

图 3-69

02 选择更换丢失链接的图片，然后单击【打开】按钮，即完成更换丢失链接图片的操作，如图 3-70 所示。

图 3-70

3. 编辑已置入图片

当置入的图片不符合要求时，可以单击【链接】面板中的【编辑原稿】按钮 ✏️，在图像处理软件中进行重新编辑；或者选中要编辑的图片后在【链接】面板中单击 ≡ 按钮，在弹出的下拉列表中选择【编辑工具】命令，再在弹出的子菜单中选择要编辑的软件进行编辑即可。编辑已置入图片的操作步骤如下。

01 在【链接】面板中选择"素材 03.jpg"，单击 ≡ 按钮，在弹出的下拉列表中选择【编辑工具】|Adobe Photoshop 2020 21.2 命令，如图 3-71 所示。

图 3-71

02 执行该操作后，即可将选中的图片文件在 Photoshop 2020 21.2 中打开，如图 3-72 所示。

图 3-72

03 按 Ctrl+M 组合键，在弹出的对话框中添加一个控制点，将【输入】【输出】分别设置为 141、170，如图 3-73 所示。

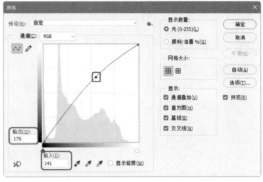

图 3-73

04 设置完成后，单击【确定】按钮，在菜单栏中选择【图像】|【调整】|【亮度 / 对比度】命令，如图 3-74 所示。

图 3-74

05 在弹出的对话框中将【亮度】【对比度】分别设置为 9、-4，如图 3-75 所示。

图 3-75

06 设置完成后，单击【确定】按钮，按 Ctrl+S 组合键对调整的图片进行保存。切换至 InDesign 2020 中，即可发现选中的图片发生了改变，效果如图 3-76 所示。

图 3-76

4. 嵌入链接

在 InDesign 2020 中，如果移动 indd 文档至其他计算机，未同时将附带的链接图片一起移动，则链接的图片无法显示。为了避免这种情况发生，可以将图片嵌入链接，这样在移动 indd 文档时，链接的图片也会显示。下面介绍如何将图片嵌入链接，操作步骤如下。

01 在【链接】面板中选择要嵌入链接的图片，单击 ☰ 按钮，在弹出的下拉列表中选择【嵌入链接】命令，如图 3-77 所示。

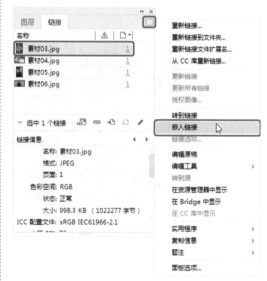

图 3-77

02 执行该操作后，即可将选中的图片嵌入链接，效果如图 3-78 所示。

图 3-78

提示：将图片嵌入链接后，则【编辑原稿】【编辑工具】等命令无法使用，只有将嵌入链接的图片取消嵌入链接后，【编辑原稿】【编辑工具】等命令才可用。

除了上述方法可以将图片嵌入链接外，还可以在【链接】面板中选择图片后单击鼠标右键，

在弹出的快捷菜单中选择【嵌入链接】命令。

3.1.4　移动图片

在 InDesign 2020 中置入图片时，图片会带有图形框，可使用【选择工具】将图形框和框里的内容一并移动，也可以用【直接选择工具】只移动框里的内容。下面介绍这两种工具的使用方法。

1.移动框与内容

在工具箱中单击【选择工具】按钮▶，选择一张图片，当鼠标指针变为▶时，按住鼠标将其拖曳到任意位置，释放鼠标后，即可完成移动框与内容的操作，如图 3-79 所示。

图 3-79

提示：在工具箱中单击【选择工具】按钮▶，选择图片时周围会出现由 8 个空心锚点组成的框架，这是定界框。设计师拖曳任意一个锚点只能改变图形框的大小，而图形框里的内容不发生变化，这种方法可以用来遮挡图片，显示图片的一部分，而将另一部分隐藏起来，这样就不需要再回到图像处理软件中进行裁切。

2.移动内容

在工具箱中单击【直接选择工具】按钮▷，将鼠标指针移至要调整的图片上，当鼠标指针变为🖐时，可以将图片在图形框的范围内移动，如图 3-80 所示。

图 3-80

【实战】调整图片大小

设计师在排版时，会根据版面的大小来修改图片的尺寸，以达到所需的效果。下面介绍如何调整图片大小，效果如图 3-81 所示。

图 3-81

素材	素材 \Cha03\ 调整图片大小素材 .indd、素材 09.jpg、素材 10.jpg
场景	场景 \Cha03\【实战】调整图片大小 .indd
视频	视频教学 \Cha03\【实战】调整图片大小 .mp4

01 按 Ctrl+O 组合键，打开"素材 \Cha03\ 调整图片大小素材 .indd"，如图 3-82 所示。

图 3-82

02 按 Ctrl+D 组合键，在弹出的对话框中选择"素材 \Cha03\ 素材 09.jpg"，在文档窗口中单击鼠标，将其置入文档中，在【变换】面板中将 W、H 分别设置为 115 毫米、77 毫米，并调整其位置，如图 3-83 所示。

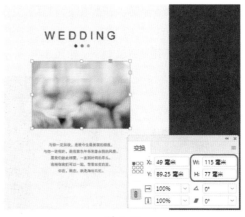

图 3-83

03 在调整的素材文件上单击鼠标右键，在弹出的快捷菜单中选择【适合】|【使内容适合框架】命令，如图 3-84 所示。

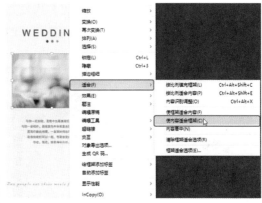

图 3-84

04 执行该操作后，即可调整图片的大小，效果如图 3-85 所示。

图 3-85

05 按 Ctrl+D 组合键，在弹出的对话框中选择"素材 \Cha03\ 素材 10.jpg"，在文档窗口中单击鼠标，将其置入文档中，如图 3-86 所示。

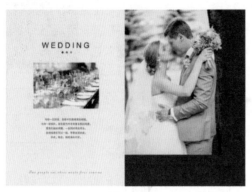

图 3-86

06 选中置入的图片，在【变换】面板中将【X 缩放百分比】【Y 缩放百分比】均设置为 124%，按 Enter 键确认，完成调整图片的大小，并调整其位置，效果如图 3-87 所示。

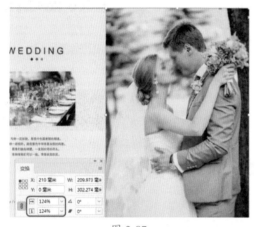

图 3-87

提示：按住 Ctrl 键不放，用【选择工具】拖曳右下角的空心锚点，可以将图形框与内容一起拉伸或压扁，如图 3-88 所示。

图 3-88

提示：按住 Ctrl+Shift 组合键不放，用【选择工具】拖曳右下角的空心锚点，可以将图形框与内容一起等比例缩小或放大，如图 3-89 所示。

图 3-89

■ 3.1.5　翻转和旋转图片

在 InDesign 2020 中根据排版的需要，可以将图片进行水平垂直翻转及各个角度的旋转，以满足设计师的各种要求。

1. 翻转图片

下面介绍如何翻转图片，操作步骤如下。

01 启动软件，按 Ctrl+O 组合键，在弹出的对话框中选择"素材 \Cha03\ 翻转素材 .indd"，单击【打开】按钮，即可将选中的素材文件打开，如图 3-90 所示。

图 3-90

02 在文档窗口中选择要翻转的图片，单击鼠标右键，在弹出的快捷菜单中选择【变换】|【水平翻转】命令，如图 3-91 所示。

03 执行该操作后，即可将选中的图片进行水平翻转，效果如图 3-92 所示。

图 3-91

图 3-92

除了上述方法外，还可以在选中要翻转的图片后，在【变换】面板中单击 ≡ 按钮，在弹出的下拉列表中选择【水平翻转】或【垂直翻转】命令，如图 3-93 所示。

图 3-93

2. 旋转图片

在 InDesign 2020 中，设计师可以通过使用【旋转工具】、【旋转】对话框、【变换】面板这三种方法对图片进行旋转。下面分别讲解这三种方法的操作过程。

1）旋转角度与旋转工具

使用旋转角度与旋转工具旋转图片的操作步骤如下。

01 启动软件，按 Ctrl+O 组合键，在弹出的对话框中选择"素材 \Cha03\ 旋转素材 .indd"，单击【打开】按钮，将选中的素材文件打开，效果如图 3-94 所示。

图 3-94

02 在文档窗口中选择要进行旋转的对象，在控制栏中将【旋转角度】设置为 15°，如图 3-95 所示。

图 3-95

03 选中如图 3-96 所示的对象，在工具箱中单击【旋转工具】按钮 ↺，此时图片中心会出现 ✛ 图标，调整原点的位置，图片将以此点为原点进行旋转，如图 3-96 所示。

04 在工具箱中双击【旋转工具】按钮 ↺，在弹出的对话框中将【角度】设置为 15°，单击【确定】按钮，如图 3-97 所示。

图 3-96

图 3-97

2）【旋转】对话框

下面介绍如何使用【旋转】对话框旋转对象，具体操作步骤如下。

01 继续上面的操作，在菜单栏中选择【对象】|【显示跨页上的所有内容】命令，如图 3-98 所示。

图 3-98

02 选择如图 3-99 所示的对象。

图 3-99

03 在菜单栏中选择【对象】|【变换】|【旋转】命令，如图 3-100 所示。

图 3-100

04 在弹出的对话框中将【角度】设置为 15°，如图 3-101 所示，设置完成后单击【确定】按钮，适当调整对象的位置。

图 3-101

3）【变换】面板

在菜单栏中选择【窗口】|【对象和版面】|【变换】命令，打开【变换】面板；单击【变换】

面板中的 ≡ 按钮，在弹出的下拉列表中包含【顺时针旋转90°】、【逆时针旋转90°】、【旋转180°】三种选择，可以选中任意一个命令对选中对象进行旋转，如图 3-102 所示。还可以在【变换】面板中通过设置【旋转角度】来调整选中对象的旋转角度。

图 3-102

 【实战】 投影

在 InDesign 2020 中为图片添加投影效果，可使图片在版面中更具立体感，效果如图 3-103 所示。

图 3-103

素材	素材 \Cha03\ 投影素材 .indd
场景	场景 \Cha03\【实战】投影 .indd
视频	视频教学 \Cha03\【实战】投影 .mp4

01 打开"素材 \Cha03\ 投影素材 .indd"，在文档窗口中选择要添加投影的素材图片，在菜单栏中选择【对象】|【效果】|【投影】命令，如图 3-104 所示。

图 3-104

02 在弹出的对话框中将【投影颜色】的RGB 值设置为 244、192、0，【不透明度】设置为 100%，【距离】设置为 4 毫米，【角度】设置为 135°，【大小】设置为 3 毫米，【扩展】设置为 10%，如图 3-105 所示。

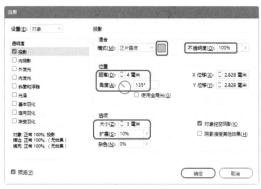

图 3-105

03 设置完成后，单击【确定】按钮，即可为选中的图片添加投影效果，如图 3-106 所示。

图 3-106

■ 3.1.6　角选项

在 InDesign 2020 中对图片进行角选项处理，可以使图片四角具有不同的效果。设置角选项的操作步骤如下。

01 启动软件，按 Ctrl+O 组合键，在弹出的对话框中选择"素材 \Cha03\ 角效果素材 .indd"，单击【打开】按钮，将选中的素材文件打开，效果如图 3-107 所示。

图 3-107

02 打开素材文件后，在菜单栏中选择【窗口】|【对象和版面】|【路径查找器】命令，如图 3-108 所示。

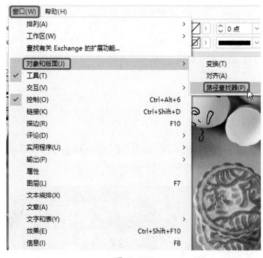

图 3-108

03 在文档窗口中选择要调整的图片，在【路径查找器】面板中选择要转换的形状，如图 3-109 所示。

图 3-109

04 继续选中该图片，在菜单栏中选择【对象】|【角选项】命令，如图 3-110 所示。

图 3-110

05 执行该操作后，即可打开【角选项】对话框，将转角大小设置为 150 毫米，将形状设置为【花式】，如图 3-111 所示。

图 3-111

06 设置完成后，单击【确定】按钮，效果如图 3-112 所示。

图 3-112

3.2 页面处理

在文档中可以对页面执行很多操作，如添加、删除、移动、复制等，这些对页面的操作主要是在【页面】面板中进行设置。下面介绍页面的基本操作、使用主页以及如何编排页码和章节。

■ 3.2.1 页面的基本操作

在使用 InDesign 2020 软件进行排版时经常会使用多页文档，例如创建报纸、图书或目录等，这时就需要了解添加页面、复制页面或移动页面等处理多页文档的方法。

1. 添加页面

下面介绍添加页面的方法，具体的操作步骤如下。

`01` 在菜单栏中选择【文件】|【打开】命令，在弹出的对话框中选择"素材 \Cha03\ 页面基础操作 .indd"，单击【确定】按钮，如图 3-113 所示。

`02` 在菜单栏中选择【窗口】|【页面】命令，打开【页面】面板，如图 3-114 所示。

`03` 在【页面】面板的底部单击【新建页面】按钮 ⊡，即可添加一个新的页面，如图 3-115 所示。也可以单击【页面】面板右上角的 ☰

按钮，在弹出的下拉列表中选择【插入页面】命令，如图 3-116 所示。

图 3-113

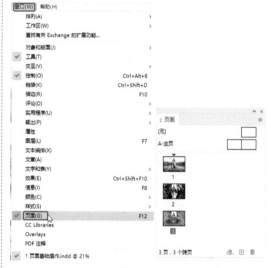

图 3-114

图 3-115

图 3-116

04 弹出【插入页面】对话框，在【页面】文本框中输入 1，在【插入】下拉列表中选择【页面后】，并在右侧的文本框中输入 2，如图 3-117 所示。

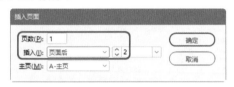

图 3-117

◎ 【页数】：在文本框中输入数值，可以添加相应的页数。

◎ 【插入】：在该下拉列表中可以选择【页面后】、【页面前】、【文档开始】或【文档末尾】选项，然后在右侧的文本框中指定要插入页面的位置。该选项主要用来调整插入页面在当前选择页面或整个页面中的位置。

◎ 【主页】：用来控制插入的页面是否需要应用主页背景。

05 设置完成后，单击【确定】按钮即可添加新的页面，如图 3-118 所示。

> 提示：在菜单栏中选择【版面】|【页面】|【添加页面】命令或按 Shift+Ctrl+P 组合键，可以添加一个新页面；在菜单栏中选择【版面】|【页面】|【插入页面】命令，也可以弹出【插入页面】对话框。

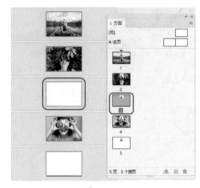

图 3-118

2. 复制页面

在【页面】面板中单击并拖动页面图标至目标文档中，即可将一个文档中的页面复制到另一个文档中，也可以在当前文档内部复制页面。

复制页面的方法有两种：一种是使用【页面】面板中的按钮进行复制；另一种就是在下拉菜单中选择相应的命令进行复制。具体的操作步骤如下。

01 继续上面的操作，在【页面】面板中选择需要复制的页面，然后将选择的页面拖动到【新建页面】按钮 □ 上，如图 3-119 所示。

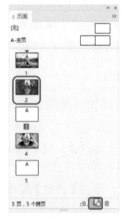

图 3-119

02 释放鼠标后即可复制该页面，效果如图 3-120 所示。还可以在【页面】面板中选择需要复制的页面，然后单击面板右上角的 ≡ 按钮，在弹出的下拉列表中选择【直接复制跨页】命令，如图 3-121 所示。

图 3-120

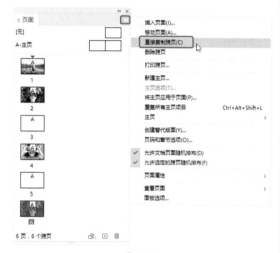

图 3-121

03 执行该操作后即可复制该页面，效果如图 3-122 所示。

图 3-122

3. 删除页面

在 InDesign 2020 中提供了多种删除页面的方法。

◎ 在【页面】面板中选择一个或多个页面，然后单击面板中的【删除选中页面】按钮 🗑，即可删除选择的页面。

◎ 在【页面】面板中选择一个或多个页面，将其拖动到【删除选中页面】按钮 🗑 上，也可以删除选择的页面。

◎ 在【页面】面板中选择一个或多个页面，单击【页面】面板右上角的 ≡ 按钮，在弹出的下拉列表中选择【删除跨页】命令，如图 3-123 所示，即可删除选择的页面。

图 3-123

◎ 在菜单栏中选择【版面】|【页面】|【删除页面】命令，如图 3-124 所示。弹出【删除页面】对话框，如图 3-125 所示。在【删除页面】文本框中输入要删除的页面，然后单击【确定】按钮，即可将指定的页面删除。

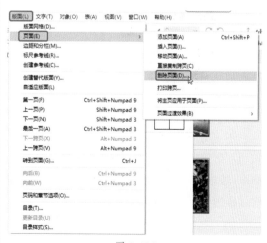

图 3-124

图 3-125

4.移动页面

在【页面】面板中选择需要移动的页面，将选择的页面拖动到目标位置，如图 3-126 所示。然后释放鼠标即可移动页面，效果如图 3-127 所示。

图 3-126

图 3-127

还可以单击【页面】面板右上角的 ≡ 按钮，在弹出的下拉列表中选择【移动页面】命令，如图 3-128 所示。在弹出的【移动页面】对话框中进行设置即可，如图 3-129 所示。

图 3-128

图 3-129

【移动页面】对话框中各个选项的功能如下。

◎ 【移动页面】：在该文本框中输入需要移动的页面。

◎ 【目标】：在该下拉列表中可以选择【页面后】、【页面前】、【文档开始】或【文档末尾】选项，然后在右侧的文本框中指定目标页面。

◎ 【移至】：如果在 InDesign 2020 中打开了多个文档，在移动页面时可以将一个文档中的页面移动到另一个文档中。该选项主要用来指定要将页面移动到哪个文档中。

5.调整跨页页数

在 InDesign 2020 中还可以根据需要调整跨页的页数，具体的操作步骤如下。

01 继续打开"素材 \Cha03\ 页面基础操作 .indd"，如图 3-130 所示。

02 单击【页面】面板右上角的 ≡ 按钮，在弹出的下拉列表中取消对【允许选定的跨页随机排布】命令的选择，如图 3-131 所示。

图 3-130

图 3-133

3.2.2　使用主页

主页相当于一个可以应用到许多页面上的背景。主页上的对象将会显示在应用该主页的所有页面上。本节主要介绍创建主页、复制主页、应用主页、删除主页、载入主页、编辑主页等方法。

1.创建主页

在 InDesign 中创建主页的方法有两种：一种是使用【新建主页】对话框创建主页；另一种是以现有跨页为基础创建主页。

（1）使用【新建主页】对话框创建主页。

01 单击【页面】面板右上角的 ≡ 按钮，在弹出的下拉列表中选择【新建主页】命令，如图 3-134 所示。

图 3-131

03 在【页面】面板中选择页面 3，按住鼠标将页面 3 拖曳至页面 2 的右侧，如图 3-132 所示。

图 3-134

02 弹出【新建主页】对话框，在该对话框中使用默认设置，如图 3-135 所示。

◎ 【前缀】：用来标识【页面】面板中各个页面所应用的主页,最多可以输入 4 个字符。

◎ 【名称】：输入主页跨页的名称。

图 3-132

04 松开鼠标，调整跨页页数后的效果如图 3-133 所示。

◎ 【基于主页】：选择一个要以其作为此主页跨页的基础的现有主页跨页或选择【无】。

◎ 【页数】：输入一个值作为主页跨页中要包含的页数。

图 3-135

[03] 单击【确定】按钮，即可创建新的主页，效果如图 3-136 所示。

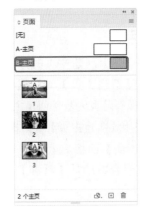

图 3-136

（2）以现有页面为基础创建主页。

[01] 继续上面的操作，在【页面】面板中选择需要的页面，如图 3-137 所示。

[02] 按住鼠标左键将其拖曳至【主页】部分，如图 3-138 所示。

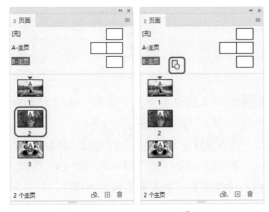

图 3-137　　　　图 3-138

[03] 松开鼠标，将以现有页面为基础创建主页，效果如图 3-139 所示。

图 3-139

提示：在【页面】面板中选择需要的页面，单击【页面】面板右上角的 ≡ 按钮，在弹出的下拉列表中选择【主页】|【存储为主页】命令，如图 3-140 所示，可以将选择的页面创建为主页。

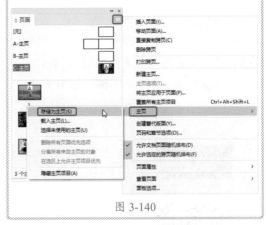

图 3-140

2. 复制主页

下面介绍复制主页的方法，具体的操作步骤如下。

[01] 在【页面】面板中的主页部分选择【A-主页】，然后单击右上角的 ≡ 按钮，在弹出的下拉列表中选择【直接复制主页跨页"A-主页"】命令，如图 3-141 所示。

[02] 即可复制一个新主页，如图 3-142 所示。

图 3-141

图 3-143

图 3-144

03 设置完成后，单击【确定】按钮，在【页面】面板中单击右上角的 ≡ 按钮，在弹出的下拉列表中选择【新建主页】命令，如图 3-145 所示。

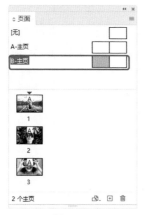

图 3-142

提示：在【页面】面板中选择需要复制的主页，然后将选择的主页拖曳至【新建页面】按钮 ⊞ 上，释放鼠标后也可复制一个新主页。

3. 应用主页

下面介绍如何应用主页，操作步骤如下。

01 启动软件，按 Ctrl+N 组合键，在弹出的对话框中将【宽度】【高度】分别设置为 210 毫米、297 毫米，将【页面】设置为 4，勾选【对页】复选框，如图 3-143 所示。

02 设置完成后，单击【边距和分栏】按钮，在弹出的对话框中将【上】【下】【内】【外】均设置为 0 毫米，如图 3-144 所示。

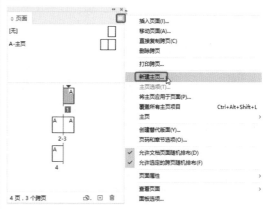

图 3-145

04 在弹出的对话框中使用其默认设置，如图 3-146 所示。

05 设置完成后，单击【确定】按钮，按 Ctrl+D 组合键，在弹出的对话框中选择"素材\Cha03\背景图片 -1.jpg"，如图 3-147 所示。

06 单击【打开】按钮，在文档窗口中调整图像框架的大小，如图 3-148 所示。

图 3-146

图 3-147

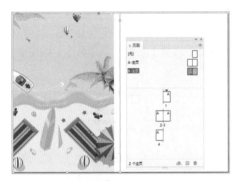

图 3-148

07 选择插入的图像，单击鼠标右键，在弹出的快捷菜单中选择【适合】|【使内容适合框架】命令，如图 3-149 所示。

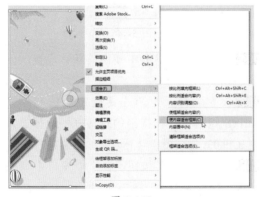

图 3-149

08 使用同样的方法在图像右侧置入"背景图片-2.jpg"素材文件，效果如图 3-150 所示。

图 3-150

09 在【页面】面板中双击页面1，在主页部分选择需要的主页，如图 3-151 所示。

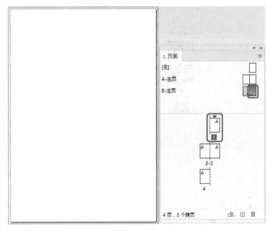

图 3-151

10 将其拖曳至要应用主页的页面上，如图 3-152 所示。

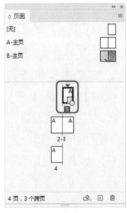

图 3-152

11 当页面上显示出黑色矩形框时，释放鼠标，即可将主页应用到页面上，如图 3-153 所示。

图 3-153

在【页面】面板的主页部分选择需要的跨页主页，如图 3-154 所示。然后将其拖曳至要应用主页的跨页角点上，如图 3-155 所示。当跨页上显示出黑色矩形框时，释放鼠标，即可将主页应用到跨页上，如图 3-156 所示。

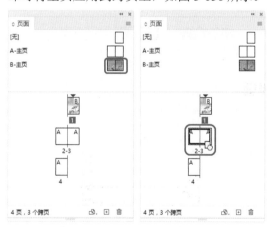

图 3-154   图 3-155

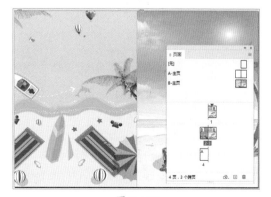

图 3-156

在 InDesign 2020 中还可以将主页应用到多个页面上，具体的操作步骤如下。

01 在【页面】面板中同时选择要应用主页的多个页面，如图 3-157 所示。

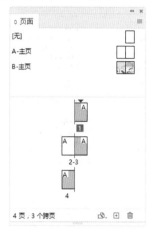

图 3-157

02 按住 Alt 键单击要应用的主页，即可将主页应用到多个页面，如图 3-158 所示。

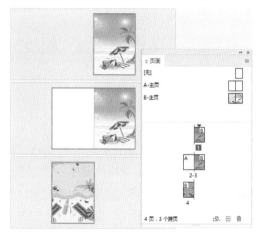

图 3-158

4. 删除主页

在 InDesign 2020 中可以将不需要的主页删除，具体的操作步骤如下。

01 在【页面】面板中选择【A- 主页】，并单击右上角的 ≡ 按钮，在弹出的下拉列表中选择【删除主页跨页"A- 主页"】命令，如图 3-159 所示。

02 当【A- 主页】被应用时，则会弹出提示对话框，询问是否将选中的主页删除，单击【确定】按钮,即可将选择的【A-主页】删除,【A-主页】删除后的效果如图3-160所示。

图 3-159

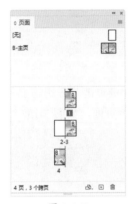

图 3-160

5. 载入主页

在 InDesign 2020 中可以将其他文档中的主页载入当前文档中,具体的操作步骤如下。

01 单击【页面】面板右上角的 ≡ 按钮,在弹出的下拉列表中选择【主页】|【载入主页】命令,如图3-161所示。

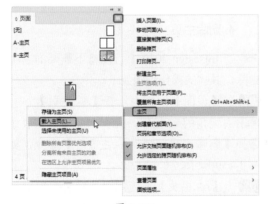

图 3-161

02 弹出【打开文件】对话框,在该对话框中选择"素材21.indd"文档,如图3-162所示。

图 3-162

03 单击【打开】按钮,弹出【载入主页警告】对话框,单击【重命名主页】按钮,如图3-163所示。

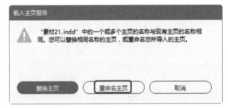

图 3-163

04 即可将选择的文档中的主页载入到当前文档中,【页面】面板的效果如图3-164所示。

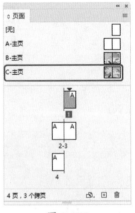

图 3-164

6. 编辑主页

对于创建完成后的主页,用户还可以根据需要对其进行编辑,如更改主页的前缀、名称和页数等,具体的操作步骤如下。

01 在【页面】面板中选择【A- 主页】，如图 3-165 所示。

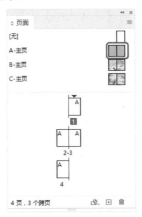

图 3-165

02 单击【页面】面板右上角的 ☰ 按钮，在弹出的下拉列表中选择【"A- 主页"的主页选项】命令，如图 3-166 所示。

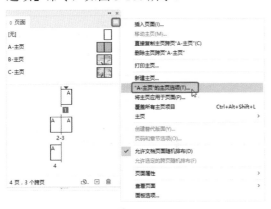

图 3-166

03 弹出【主页选项】对话框，在该对话框中将【前缀】设置为 S，将【页数】设置为 3，如图 3-167 所示。

图 3-167

04 设置完成后单击【确定】按钮，效果如图 3-168 所示。

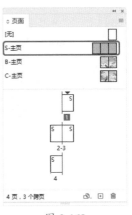

图 3-168

3.2.3 编排页码和章节

编排页码和章节是排版最基本的操作。本节介绍添加自动页码、编辑页码和章节的方法。

1. 添加自动页码

为页面添加自动页码是一款排版软件最基本的功能，具体的操作步骤如下。

01 打开"素材 \Cha03\ 编排页码和章节 .indd"，然后在【页面】面板中双击【A-主页】，使主页在文档窗口中显示出来，如图 3-169 所示。

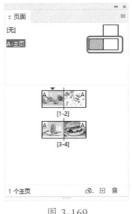

图 3-169

02 在工具箱中选择【文字工具】 T ，然后在主页左页的左下角绘制一个文本框，如图 3-170 所示。

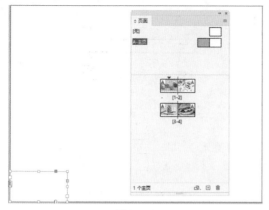

图 3-170

03 在菜单栏中选择【文字】|【插入特殊字符】|【标志符】|【当前页码】命令，如图 3-171 所示。

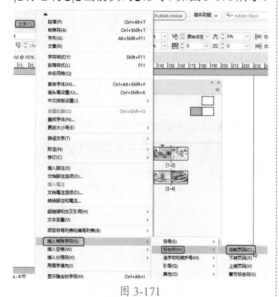

图 3-171

04 即可在文本框中显示出当前主页的页码，如图 3-172 所示。

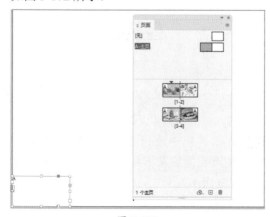

图 3-172

05 使用【文字工具】选择主页页码"A"，然后在【字符】面板中将【字体】设置为 Lithos Pro，将【字体大小】设置为 15 点，如图 3-173 所示。

图 3-173

06 在工具箱中单击【椭圆工具】按钮，在文档窗口中按住 Shift 键绘制一个圆形，在【颜色】面板中将【填色】的 CMYK 值设置为 64%、100%、100%、63%，将【描边】设置为无，在控制栏中将 W、H 均设置为 8 毫米，如图 3-174 所示。

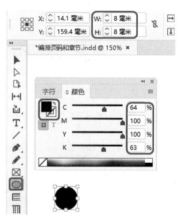

图 3-174

07 使用【选择工具】选中绘制的圆形，单击鼠标右键，在弹出的快捷菜单中选择【排列】|【置为底层】命令，如图 3-175 所示。

08 使用【文字工具】选择主页页码"A"，在【颜色】面板中将【填色】的 CMYK 值设置为 0、0、0、0，如图 3-176 所示。

09 使用【选择工具】选择文本框与图形，然后在按住 Ctrl+Alt 组合键的同时向右拖曳，将选中的对象拖动至主页的右页，如图 3-177 所示。

图 3-175

图 3-176

图 3-177

10 在【页面】面板中双击页面 1，即可在文档的页面中显示页码，效果如图 3-178 所示。

图 3-178

2. 编辑页码和章节

在默认情况下，书籍中的页码是连续编号的。但是通过使用【页码和章节选项】命令，可以将当前指定的页面重新开始页码或章节编号，以及更改章节或页码编号样式等。

（1）在文档中定义新章节。

01 继续上面的操作，在【页面】面板中选择要定义章节的页面，单击右上角的 ≡ 按钮，在弹出的下拉列表中选择【页码和章节选项】命令，如图 3-179 所示。

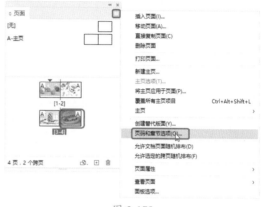

图 3-179

02 弹出【页码和章节选项】对话框，在该对话框中将【编排页码】选项组中的【样式】设置为如图 3-180 所示的样式。

图 3-180

03 单击【确定】按钮，即可在【页面】面板中看到选择的页面图标上显示一个倒黑三角，即章节指示符，表示新章节的开始，如图3-181所示。

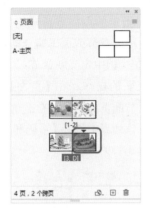

图 3-181

（2）编辑或删除章节。

01 继续上面的操作，在【页面】面板中双击页面4图标上方的章节指示符，如图3-182所示。

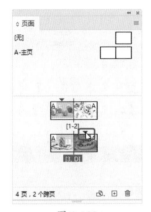

图 3-182

02 弹出【页码和章节选项】对话框，在该对话框中将【起始页码】设置为1，将【编排页码】选项组中的【样式】设置为如图3-183所示的样式。

03 设置完成后单击【确定】按钮，修改章节页码后的效果如图3-184所示。

04 如果要将创建的章节删除，可以在【页面】面板中选择要删除的章节页，然后单击右上角的 ≡ 按钮，在弹出的下拉列表中选择【页码和章节选项】命令，如图3-185所示。

图 3-183

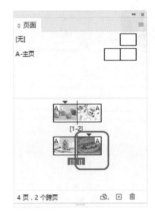

图 3-184

图 3-185

05 弹出【页码和章节选项】对话框，在该对话框中取消勾选【开始新章节】复选框，如图3-186所示。

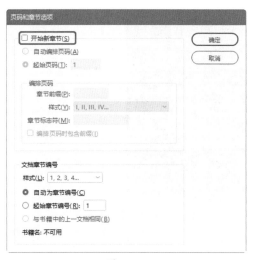

图 3-186

06 单击【确定】按钮，即可将章节删除，效果如图 3-187 所示。

图 3-187

课后项目
练习

中式菜单设计

菜单是指餐厅中一切与该餐饮企业产品、价格及服务有关的信息资料，它不仅包含各种文字、图片资料，声像资料以及模型与实物资料，而且包括顾客点菜后服务员所写的点菜单，效果如图 3-188 所示。

课后项目练习效果展示

图 3-188

课后项目练习过程概要

（1）在【页面】面板中新建主页，制作中式菜单的背景。

（2）使用【文字工具】输入封面标题并进行设置，通过【直排文字工具】制作菜单左右的文本内容，使用【钢笔工具】绘制装饰线条。

（3）使用【矩形工具】绘制矩形，并通过【剪刀工具】进行裁剪，置入相应的素材文件，使用【文字工具】制作出其他文本内容。

素材	素材 \Cha03\ 中式菜单素材 01.png~中式菜单素材 03.png、中式菜单素材 04.jpg~中式菜单素材 07.jpg、二维码 .png
场景	场景 \Cha03\ 中式菜单设计 .indd
视频	视频教学 \Cha03\ 中式菜单设计 .mp4

01 启动软件，按 Ctrl+N 组合键，在弹出的对话框中将【宽度】【高度】分别设置为 210 毫米、297 毫米，将【页面】设置为 2，勾选【对页】复选框，将【起点】设置为 2，单击【边

距和分栏】按钮，在弹出的对话框中将【上】【下】【内】【外】均设置为 20 毫米，将【栏数】设置为 1，单击【确定】按钮，将文档模式更改为预览模式，在【页面】面板中双击【A- 主页】左侧页面。在工具箱中单击【矩形工具】按钮 □，绘制一个矩形，将【填色】的 CMYK 值设置为 40%、100%、100%、6%，将【描边】设置为无，将 W、H 分别设置为 210 毫米、297 毫米，如图 3-189 所示。

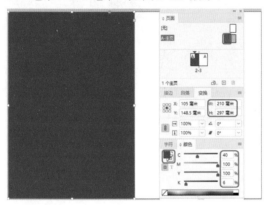

图 3-189

02 按 Ctrl+D 组合键，在弹出的对话框中选择 "素材 \Cha03\ 中式菜单素材 01.png"，单击【打开】按钮，在页面中单击鼠标，将选中的素材文件置入文档中，并调整其大小及位置，如图 3-190 所示。

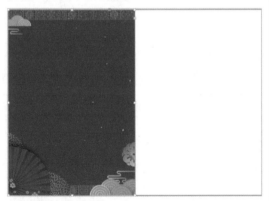

图 3-190

03 双击页面 2，置入 "中式菜单素材02.png" 素材文件，适当调整对象的大小及位置，如图 3-191 所示。

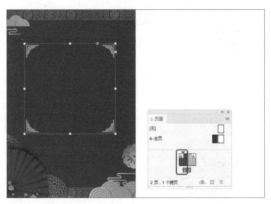

图 3-191

04 在工具箱中单击【文字工具】按钮 T，绘制文本框并输入文本，将【字体】设置为【方正隶二简体】，将【字体大小】设置为 180 点，将【行距】设置为 180 点，将【垂直缩放】和【水平缩放】分别设置为 120%、100%，将【字符间距】设置为 0，将【填色】的 CMYK 值设置为 3%、18%、36%、0，如图 3-192 所示。

图 3-192

05 在工具箱中单击【直线工具】按钮 ✎，绘制多条线段，将【填色】设置为无，将【描边】的 CMYK 值设置为 3%、18%、36%、0，在【描边】面板中将【粗细】设置为 2 点，设置【类型】为虚线（4 和 4），如图 3-193 所示。

06 在工具箱中单击【钢笔工具】按钮 ✎，绘制如图 3-194 所示的线段，将【描边】的 CMYK 值设置为 12%、13%、22%、0，将【描边】面板中的【粗细】设置为 2 点。

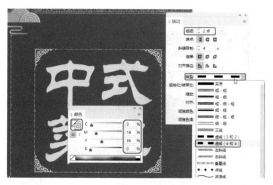

图 3-193

图 3-194

07 继续使用【钢笔工具】绘制图形，将【填色】的 CMYK 值设置为 12%、13%、22%、0，将【描边】设置为无，如图 3-195 所示。

图 3-195

08 在工具箱中单击【直排文字工具】按钮 ⅡT，绘制文本框并输入文本，将【字体】设置为【微软雅黑】，将【字体大小】设置为 18 点，将【字符间距】设置为 200，将【填色】设置为白色，如图 3-196 所示。

图 3-196

09 使用【文字工具】输入文本，将【字体】设置为【创艺简老宋】，将【字体大小】设置为 26 点，将【字符间距】设置为 0，将【填色】设置为白色，如图 3-197 所示。

图 3-197

10 使用【文字工具】输入文本，将【字体】设置为【创艺简老宋】，将【字体大小】设置为 18.2 点，将【字符间距】设置为 75，将【填色】设置为白色，如图 3-198 所示。

11 在工具箱中单击【矩形工具】按钮 □，绘制一个矩形，将【填色】设置为无，将【描边】的 CMYK 值设置为 12%、11%、22%、0，将【描边】面板中的【粗细】设置为 1.95 点，将【变换】面板中的 W、H 分别设置为 99 毫米、13 毫米，如图 3-199 所示。

图 3-198

图 3-199

12 确认选中矩形的同时，在菜单栏中选择【对象】|【角选项】命令，弹出【角选项】对话框，将【转角形状】设置为圆角，将【转角大小】设置为 6.5 毫米，单击【确定】按钮，如图 3-200 所示。

图 3-200

13 使用【文字工具】输入文本，将【字体】设置为【创艺简老宋】，将【字体大小】设置为 20.8 点，将【字符间距】设置为 0，将【填

色】设置为白色，如图 3-201 所示。

图 3-201

14 在【页面】面板中双击【A- 主页】右侧页面，在工具箱中单击【矩形工具】按钮 □，绘制一个矩形，将【填色】的 CMYK 值设置为 40%、100%、100%、6%，将【描边】设置为无，将 W、H 分别设置为 210 毫米、297 毫米，效果如图 3-202 所示。

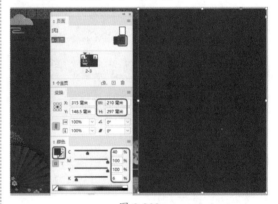

图 3-202

15 双击页面 3，使用【矩形工具】绘制矩形，将【填色】设置为无，将【描边】的 CMYK 值设置为 13%、14%、22%、0，在【描边】面板中将【粗细】设置为 2 点，设置【类型】为虚线（3 和 2），将 W、H 分别设置为 200 毫米、290 毫米，调整对象的位置，效果如图 3-203 所示。

16 使用【文字工具】输入文本，将【字体】设置为【微软雅黑】，将【字体大小】设置为 22 点，将【字符间距】设置为 150，将【填色】设置为白色，如图 3-204 所示。

17 按 Ctrl+D 组合键，置入"素材 \Cha03\ 中式菜单素材 03.png"，适当调整对象的大小及位置，如图 3-205 所示。

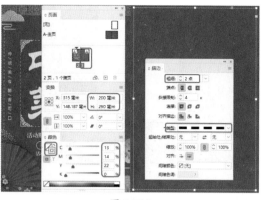

图 3-203

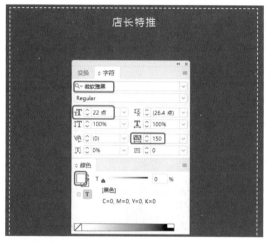

图 3-204

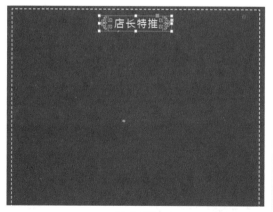

图 3-205

18 在工具箱中单击【矩形工具】按钮 □，绘制一个矩形，将【填色】设置为无，将【描边】设置为白色，将【描边】面板中的【粗细】设置为 2 点，将 W、H 分别设置为 190 毫米、70 毫米，如图 3-206 所示。

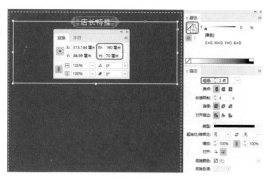

图 3-206

19 在工具箱中单击【剪刀工具】按钮 ✂，在矩形线段上如图 3-207 所示的位置处单击鼠标。

图 3-207

20 将剪切后的线段部分删除，使用【文字工具】输入文本，将【字体】设置为【方正华隶简体】，将【字体大小】设置为 20 点，将【行距】设置为 15 点，将【字符间距】设置为 0，将【填色】设置为白色，如图 3-208 所示。

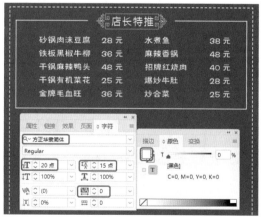

图 3-208

21 在工具箱中单击【矩形工具】按钮 □，绘制一个矩形，将【填色】设置为白色，将【描边】设置为无，在【变换】面板中将 W、H 均设置为 5.9 毫米，如图 3-209 所示。

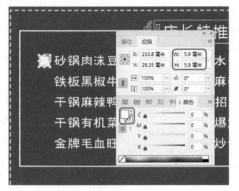

图 3-209

22 对白色矩形进行多次复制并调整对象的位置，选中所有的白色矩形，右击鼠标，在弹出的快捷菜单中选择【编组】命令，编组后的效果如图 3-210 所示。

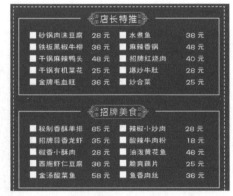

图 3-210

23 将"店长特推"部分对象进行复制，调整对象的位置并更改文本内容，如图 3-211 所示。

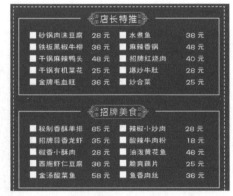

图 3-211

24 按 Ctrl+D 组合键，置入"素材 \Cha03\ 中式菜单素材 04.jpg"～"中式菜单素材 07.jpg"，适当调整对象的大小及位置。打开【路径查找器】面板，单击【转换形状】选项组下方的【圆角矩形】按钮 ◻，如图 3-212 所示。

图 3-212

25 在工具箱中单击【文字工具】按钮 T，输入文本，将【字体】设置为【方正兰亭粗黑简体】，将【字体大小】设置为 17 点，将【字符间距】设置为 300，将【填色】设置为白色，如图 3-213 所示。

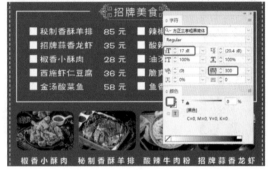

图 3-213

26 在工具箱中单击【文字工具】按钮 T，输入文本，将【字体】设置为【方正兰亭粗黑简体】，将【字体大小】设置为 30 点，将【字符间距】设置为 300，将【填色】设置为白色，如图 3-214 所示。

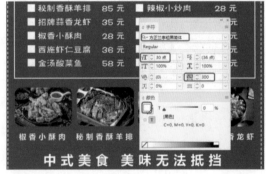

图 3-214

27 在工具箱中单击【直线工具】按钮 ✓，绘制两条水平线段，将【变换】面板中的 L

设置为 19.7 毫米，将【描边】的 CMYK 值设置为 0、0、0、0，将【描边】面板中的【粗细】设置为 3 点，如图 3-215 所示。

设置为 1 点，将【类型】设置为虚线（4 和 4），如图 3-219 所示。

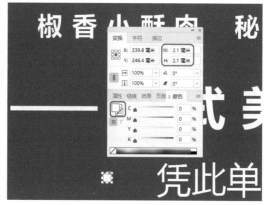

图 3-217

图 3-215

28 在工具箱中单击【文字工具】按钮 T，输入文本，将【字体】设置为【微软雅黑】，将【字体大小】设置为 23 点，将【字符间距】设置为 0，将【填色】设置为白色，如图 3-216 所示。

图 3-218

图 3-216

29 在工具箱中单击【椭圆工具】按钮 ◯，绘制一个圆形，将【填色】设置为白色，将【描边】设置为无，将【变换】面板中的 W、H 均设置为 2.1 毫米，如图 3-217 所示。

30 选中白色圆形，按住 Alt+Shift 组合键水平复制圆形，调整对象的位置，效果如图 3-218 所示。

31 在工具箱中单击【直线工具】按钮 ／，绘制 L 为 180 毫米的水平线段，将【描边】设置为白色，将【描边】面板中的【粗细】

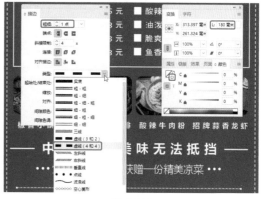

图 3-219

32 在工具箱中单击【直线工具】按钮 ／，绘制 L 为 21 毫米的垂直线段，将【描边】设置为白色，将【描边】面板中的【粗细】设置为 2 点，如图 3-220 所示。

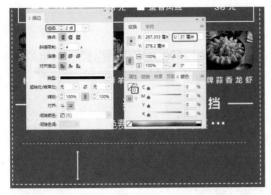

图 3-220

33 按 Ctrl+D 组合键，置入"素材 \Cha03\ 二维码 .png"，适当调整对象的大小及位置，使用【文字工具】输入文本，将【字体】设置为【方正兰亭粗黑简体】，【字体大小】设置为 10 点，将【字符间距】设置为 0，将【填色】设置为白色，如图 3-221 所示。

图 3-221

34 使用【文字工具】输入文本，将【字体】设置为【微软雅黑】，将【字体系列】设置为 Bold，【字体大小】设置为 20 点，将【字符间距】设置为 200，将【填色】设置为白色，如图 3-222 所示。

35 使用【文字工具】输入文本，将【字体】设置为【方正综艺简体】，【字体大小】设置为 30 点，将【垂直缩放】【水平缩放】分别设置为 150%、120%，将【字符间距】设置为 0，将【填色】设置为白色，如图 3-223 所示。

图 3-222

图 3-223

36 使用【文字工具】输入文本，将【字体】设置为【微软雅黑】，将【字体系列】设置为 Bold，【字体大小】设置为 15 点，将【字符间距】设置为 260，将【填色】设置为白色，如图 3-224 所示。

图 3-224

第 4 章

小说书籍封面设计——文字的处理

本章主要介绍文本的创建与编辑，例如添加文本、设置文本等简单操作。除此之外，用户还可以在 InDesign 中进行一般的文字编辑，可以对文本框架、文本等对象进行灵活的操作。

案例精讲
小说书籍封面设计

为了更好地完成本设计案例，现对制作要求及设计内容做如下规划，效果如图 4-1 所示。

作品名称	小说书籍封面设计
作品尺寸	470 毫米 ×297 毫米
设计创意	（1）使用【矩形工具】、【钢笔工具】和【文字工具】制作封面内容，置入"小说素材 01.jpg"素材文件，完善书籍封面设计。 （2）使用【文字工具】、【矩形工具】制作出书籍脊背与底面效果，置入"小说素材 02.jpg""二维码 .png"素材文件，完成小说书籍封面设计的制作。
主要元素	（1）古镇风景； （2）条形码； （3）二维码。
应用软件	InDesign 2020
素材	素材 \Cha04\ 小说素材 01.jpg、小说素材 02.jpg、二维码 .png
场景	场景 \Cha04\【案例精讲】小说书籍封面设计 .indd
视频	视频教学 \Cha04\【案例精讲】小说书籍封面设计 .mp4
小说书籍封面设计效果欣赏	图 4-1
备注	

01 新建一个【宽度】【高度】分别为 470 毫米、297 毫米，【页面】为 1 的文档，并将边距均设置为 20 毫米。单击工具箱中的【矩形工具】按钮 ，在文档窗口中绘制矩形，将【宽度】【高度】分别设置为 470 毫米、297 毫米，将【填色】的 CMYK 值设置为 9%、7%、7%、0，【描边】设置为黑色，如图 4-2 所示。

02 按 Ctrl+D 组合键，在弹出的对话框中选择"素材 \Cha04\ 小说素材 01.jpg"，将其置入文档中，适当调整其高度，在【链接】面板中右击置入的素材，在弹出的快捷菜单中选择【嵌入链接】命令，如图 4-3 所示。

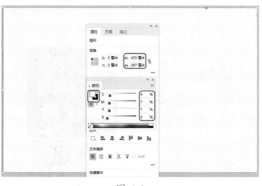

图 4-2

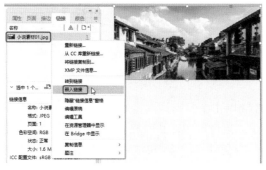

图 4-3

03 单击工具箱中的【钢笔工具】按钮 ✐，在文档窗口中绘制如图4-4所示的图形，将【填色】设置为白色，在【效果】面板中将【不透明度】设置为85%。

图 4-4

04 单击工具箱中的【钢笔工具】按钮 ✐，在文档窗口中绘制如图4-5所示的线条，将【描边】设置为白色，在【描边】面板中将【粗细】设置为5点，在【效果】面板中将【不透明度】设置为85%。

05 单击工具箱中的【直排文字工具】按钮 ↓T，在文档窗口中左键单击并拖曳出一个适当大小的文本框，输入文本"遇见"，将文本的【填色】设置为白色，按 Ctrl+T 组合键，

在弹出的【字符】面板中将【字体】设置为【方正北魏楷书繁体】，将【字体大小】设置为84点，如图4-6所示。

图 4-5

图 4-6

06 单击工具箱中的【直排文字工具】按钮 ↓T，在文档窗口中左键单击并拖曳出一个适当大小的文本框，输入文本"这"，按 Ctrl+T 组合键，在弹出的【字符】面板中将【字体】设置为【方正宋黑简体】，将【字体大小】设置为62点，如图4-7所示。

图 4-7

07 单击工具箱中的【椭圆工具】按钮 ⬭，在文档窗口中绘制正圆，将【填色】设置为黑色，【描边】设置为无，将【宽度】【高度】均设置为6毫米，如图4-8所示。

图 4-8

08 单击工具箱中的【直排文字工具】按钮 ↓T，在文档窗口中左键单击并拖曳出一个适当大小的文本框，输入文本"座城"，按Ctrl+T组合键，在弹出的【字符】面板中将【字体】设置为【方正北魏楷书繁体】，将【字体大小】设置为84点，如图4-9所示。

图 4-9

09 单击工具箱中的【文字工具】按钮 T，在文档窗口中左键单击并拖曳出一个适当大小的文本框，输入如图4-10所示的文本，按Ctrl+T组合键，在弹出的【字符】面板中将【字体】设置为【方正大黑简体】，将【字体大小】设置为12点，【行距】设置为24点，将【颜

色】的CMYK值设置为79%、73%、71%、43%。

图 4-10

10 单击工具箱中的【文字工具】按钮 T，在文档窗口中左键单击并拖曳出一个适当大小的文本框，输入文本"匠文　著"，按Ctrl+T组合键，在弹出的【字符】面板中将【字体】设置为【Adobe 宋体 Std】，将【字体大小】设置为15点，如图4-11所示。

图 4-11

11 单击工具箱中的【文字工具】按钮 T，在文档窗口中左键单击并拖曳出一个适当大小的文本框，输入如图4-12所示的文本，按Ctrl+T组合键，在弹出的【字符】面板中将【字体】设置为【Adobe 宋体 Std】，将【字体大小】设置为9点，【行距】设置为14点。

12 单击工具箱中的【矩形工具】按钮 ▢，在文档窗口中绘制矩形，将【填色】的CMYK

值设置为100%、0、0、0，【描边】设置为无，将 W、H 分别设置为 210 毫米、72 毫米，如图 4-13 所示。

为20.5 点，【字符间距】设置为 400，将【填色】设置为白色，如图 4-15 所示。

图 4-12

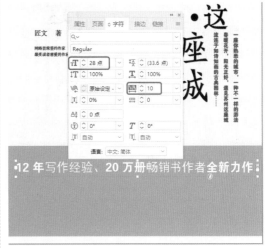

图 4-14

图 4-13

13 单击工具箱中的【文字工具】按钮 T.，在文档窗口中左键单击并拖曳出一个适当大小的文本框，输入如图 4-14 所示的文本，按 Ctrl+T 组合键，在弹出的【字符】面板中将文本"12年""20万册""全新力作"的【字体】设置为【方正大黑简体】，其他文本的【字体】设置为【黑体】，将【字体大小】设置为 28 点，将【填色】设置为白色，将【字符间距】设置为 10，如图 4-14 所示。

14 单击工具箱中的【文字工具】按钮 T.，在文档窗口中左键单击并拖曳出一个适当大小的文本框，输入如图 4-15 所示的文本，按 Ctrl+T 组合键，在弹出的【字符】面板中将【字体】设置为【黑体】，将【字体大小】设置

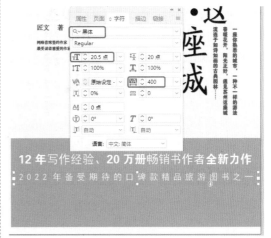

图 4-15

15 单击工具箱中的【文字工具】按钮 T.，在文档窗口中左键单击并拖曳出一个适当大小的文本框，输入如图 4-16 所示的文本，按 Ctrl+T 组合键，在弹出的【字符】面板中将【字体】设置为【方正大黑简体】，将【字体大小】设置为 25 点，【字符间距】设置为 120，将【填色】设置为白色。

16 单击工具箱中的【文字工具】按钮 T.，在文档窗口中左键单击并拖曳出一个适当大小的文本框，输入文本"匠品书屋出版社"，按 Ctrl+T 组合键，在弹出的【字符】面板中将【字体】设置为【黑体】，将【字体大小】

设置为 18 点，将【填色】设置为白色，如图 4-17 所示。

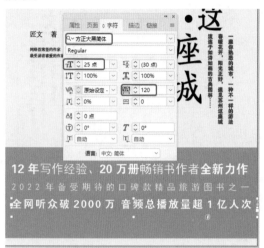

图 4-16

图 4-17

17 封面制作完成后，下面制作脊背与底面。单击工具箱中的【矩形工具】按钮□，在文档窗口中绘制矩形，将【填色】设置为无，【描边】设置为黑色，将【宽度】【高度】分别设置为 50 毫米、297 毫米，如图 4-18 所示。

18 单击工具箱中的【直排文字工具】按钮 ¦T，在文档窗口中左键单击并拖曳出一个适当大小的文本框，输入文本 "MEET THIS CITY"，按 Ctrl+T 组合键，在弹出的【字符】面板中将【字体】设置为 Arial，【字体系列】设置为 Bold，将【字体大小】设置为 68 点，将【字符间距】设置为 -50，将【填色】的

CMYK 值设置为 100%、0、0、0，如图 4-19 所示。

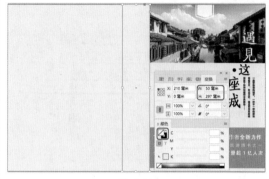

图 4-18

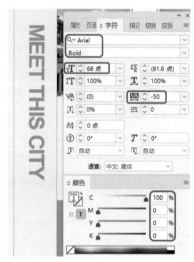

图 4-19

19 单击工具箱中的【矩形工具】按钮□，在文档窗口中绘制矩形，将【填色】的 CMYK 值设置为 100%、0、0、0，【描边】设置为无，将【宽度】【高度】分别设置为 260 毫米、72 毫米，按两次 Ctrl+[组合键，将图层后移两层，如图 4-20 所示。

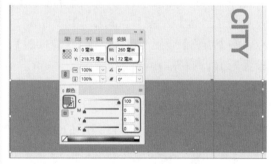

图 4-20

20 单击工具箱中的【直排文字工具】按钮 ，在文档窗口中左键单击并拖曳出一个适当大小的文本框，输入如图 4-21 所示的文本，在【字符】面板中将【字体】设置为【黑体】，将【字体大小】设置为 18 点，将【填色】设置为白色。

图 4-21

21 按 Ctrl+D 组合键，在弹出的对话框中选择"素材 \Cha04\ 二维码 .png"，将其置入文档中。在【链接】面板中，右击置入的素材，在弹出的快捷菜单中选择【嵌入链接】命令。单击工具箱中的【文字工具】按钮 ，在文档窗口中左键单击并拖曳出两个适当大小的文本框，输入如图 4-22 所示的文本，按 Ctrl+T 组合键，在弹出的【字符】面板中将【字体】设置为【微软雅黑】，将【字体大小】设置为 14 点，将【行距】设置为 24 点，将【填色】设置为白色。

图 4-22

22 单击工具箱中的【矩形工具】按钮 ，在文档窗口中绘制矩形，将【填色】设置为白色，【描边】设置为无，将 W、H 分别设置为 55 毫米、50 毫米，如图 4-23 所示。

图 4-23

23 单击工具箱中的【文字工具】按钮 ，在文档窗口中左键单击并拖曳出一个适当大小的文本框，输入如图 4-24 所示的文本，按 Ctrl+T 组合键，在弹出的【字符】面板中将【字体】设置为【方正黑体简体】，将【字体大小】设置为 10 点，【字符间距】设置为 5。

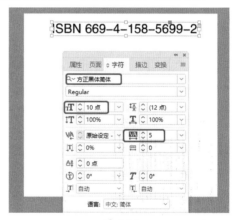

图 4-24

24 按 Ctrl+D 组合键，在弹出的对话框中选择"素材 \Cha04\ 小说素材 02.jpg"，将其置入文档中。在【链接】面板中，右击置入的素材，在弹出的快捷菜单中选择【嵌入链接】命令，如图 4-25 所示。

25 单击工具箱中的【文字工具】按钮 ，在文档窗口中左键单击并拖曳出两个适当大小的文本框，输入如图 4-26 所示的文本，按 Ctrl+T 组合键，在弹出的【字符】面板中将【字体】设置为【黑体】，将【字体大小】设置为 12 点。

图 4-25

图 4-26

26 单击工具箱中的【钢笔工具】按钮，按住 Shift 键在文档窗口中绘制一条长度为 49 毫米、【描边粗细】为 1 点的水平线段，如图 4-27 所示。

图 4-27

27 单击工具箱中的【文字工具】按钮，在文档窗口中左键单击并拖曳出适当大小的文本框，输入如图 4-28 所示的文本，按 Ctrl+T 组合键，在弹出的【字符】面板中将【字体】设置为【方正大黑简体】，将【字体大小】设置为 14 点，将【行距】设置为 24 点，将【字符间距】设置为 0。

图 4-28

4.1 输入文本

在 InDesign 2020 文档中可以很简单地输入文本、粘贴文本、导出文本。InDesign 2020 是在框架内处理文本的，框架可以提前创建或在导入文本时由 InDesign 2020 自动创建。

4.1.1 编辑文本

与其他软件一样，在 InDesign 2020 中用户也可以对输入的文本进行编辑，例如选择、删除或更改文本等。本节将对其进行简单介绍。

1. 选择文本

在 InDesign 2020 中，如果要对文本进行编辑，首先要将目标文本选中，具体做法是：在工具箱中单击【文字工具】按钮，然后选择要编辑的文字即可，或者按住 Shift 键的同时按键盘上的方向键，也可以选中需要编辑的文本。

使用【文字工具】在文本框中双击可以选择一段文字，如图 4-29 所示。在文本框中连续单击 3 次可以选择一行文字，如图 4-30 所示。

> 提示：在文本框中按 Ctrl+A 组合键，可以将文本框中的文本全部选中；按 Shift+Ctrl+A 组合键，则取消文本框中选择的所有文本。

图 4-29

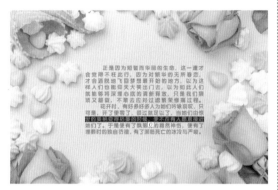

图 4-30

2. 删除和更改文本

在 InDesign 2020 中删除和更改文本是很方便的。如果用户要删除文本，可将光标移动到要删除文字的右侧，按键盘上的 Backspace 键即可向左移动删除文本；如果按键盘上的 Delete 键则可向右移动删除文本。

如果要更改文本，可使用【文字工具】在文本框中拖动选择一段要更改的文本，如图 4-31 所示，直接输入文本即可更改文本内容，更改后的效果如图 4-32 所示。

图 4-31

图 4-32

3. 还原文本编辑

如果在修改文本过程中想恢复多删除的文本内容，可使用【还原】功能。在菜单栏中选择【编辑】|【还原"键入"】命令，如图 4-33 所示，即可返回到上一步进行的操作。如果不想还原，可再次选择【编辑】|【重做】命令，返回到下一步进行的操作。

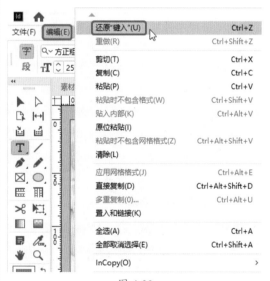

图 4-33

🎥 【实战】输入文本

在 InDesign 2020 中输入新的文本时，会自动套用【基本段落样式】中设置的样式属性，这是 InDesign 2020 预定义的样式。下面介绍如何输入文本，效果如图 4-34 所示。

图 4-34

素材	素材 \Cha04\ 素材 01.indd
场景	场景 \Cha04\【实战】输入文本 .indd
视频	视频教学 \Cha04\【实战】输入文本 .mp4

01 在菜单栏中选择【文件】|【打开】命令，在弹出的对话框中打开"素材 \Cha04\ 素材 01.indd"，如图 4-35 所示。

图 4-35

02 在工具箱中单击【文字工具】按钮 T，在文档窗口中按住鼠标左键并拖动创建一个新的文本框架，输入文本"THE DRAGON"，选中输入的文本，在【字符】面板中将【字体】

设置为【方正粗圆简体】，【字体大小】设置为 36 点，将【字符间距】设置为 80，【填色】的 RGB 值设置为 255、255、255，在【属性】面板【段落】选项组中单击【居中对齐】按钮 ≡，完成后的效果如图 4-36 所示。

图 4-36

如果是从事专业排版的新手，就需要了解一些有关在打字机上或字处理程序中输入文本与在一个高端出版物中输入文本之间的区别。

◎ 在句号或冒号后面不需要输入两个空格，如果输入两个空格会导致文本排列出现问题。

◎ 不要在文本中输入多余的段落回车，也不要输入制表符来缩进段落，可以设置段落属性来实现需要的效果。

◎ 需要使文本与栏对齐时，不要输入多余的制表符，在每个栏之间放一个制表符，然后对齐制表符即可。

> 提示：如果需要查看文本中哪里有制表符、段落换行、空格和其他不可见的字符，可以执行【文字】|【显示隐含的字符】命令，或按 Alt+Ctrl+I 组合键，即可显示出文本中隐含的字符。

 【实战】粘贴文本

当文本在 Windows 剪贴板中时，可以将其粘贴到文本中光标所在位置或使用剪贴板中的文本替换选中的文本。如果当前没有活动的文本框架，InDesign 2020 会自动创建一个新的文本框架来包含粘贴的文本，粘贴文本后的效果如图 4-37 所示。

图 4-37

素材	无
场景	场景\Cha04\【实战】粘贴文本.indd
视频	视频教学\Cha04\【实战】粘贴文本.mp4

01 继续上一实例的操作，使用【选择工具】在文档窗口中选择如图 4-38 所示的文本框。

图 4-38

02 在菜单栏中选择【编辑】|【复制】命令，或按 Ctrl+C 组合键进行复制，如图 4-39 所示。

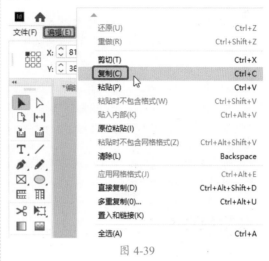

图 4-39

03 在菜单栏中选择【编辑】|【粘贴】命令，并使用【选择工具】▶调整其位置，更改文本内容为"BOAT FESTIVAL"，将【填色】的 RGB 值设置为 46、73、45，完成后的效果如图 4-40 所示。

图 4-40

从 InDesign 复制或剪切的文本通常会保留其他格式，而从其他程序粘贴到 InDesign 文档中的文本通常会丢失格式。在 InDesign 中，可以在粘贴文本时指定是否保留文本格式。执行【编辑】|【无格式粘贴】命令或按

键盘上的 Ctrl+Shift+V 组合键，可删除文本的格式并粘贴文本。

提示：除此之外，用户还可以在选中文字后，右击鼠标，在弹出的快捷菜单中选择相应的命令，如图 4-41 所示。

图 4-41

【实战】导出文本

在 InDesign 2020 中，不能将文本导出像 Word 这样的字处理程序格式，可以将 InDesign 2020 文档中的文本导出为 RTF、Adobe InDesign 标记文本和纯文本格式。下面介绍如何导出文本，效果如图 4-42 所示。

素材	素材 \Cha04\ 编辑文本 .indd
场景	场景 \Cha04\【实战】导出文本 .indd
视频	视频教学 \Cha04\【实战】导出文本 .mp4

01 按 Ctrl+O 组合键，打开"素材 \Cha04\ 编辑文本 .indd"，在工具箱中单击【文字工具】按钮 T，在文档窗口中选择如图 4-43 所示的文字。

图 4-42

图 4-43

02 在菜单栏中选择【文件】|【导出】命令，或按 Ctrl+E 组合键，如图 4-44 所示。

03 在弹出的对话框中选择要导出的路径，为其重命名，将【保存类型】设置为 RTF，如图 4-45 所示。设置完成后，单击【保存】按钮即可。

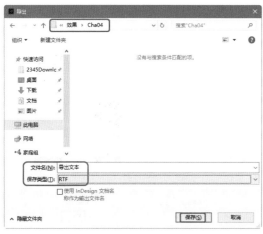

图 4-44

提示：如果需要将导出的文本发送到使用字处理程序的用户，可以将文本导出为 RTF 格式；如果需要将导出的文本发送给另一个保留了所有 InDesign 2020 设置的 InDesign 2020 用户，可以将文本导出为 InDesign 标记文本。

图 4-45

提示：如果在文本框架内选中了某一部分文本，则只有选中的文本会被导出；否则，整篇文章都会被导出。

4.1.2 使用标记文本

InDesign 2020 提供了一种自身的文件格式，即 Adobe InDesign 标记文本。标记文本实际上是一种 ASCII 文本，即纯文本，它会告知 InDesign 2020 应用哪种格式的嵌入代码。在字处理程序中创建文件时，就会嵌入这些与宏相似的代码。

1. 导出标记文本

可以将一篇 InDesign 2020 文章或一段所选文本导出为标记文本格式，然后将导出的文件传输到另一个 InDesign 2020 用户或字处理程序中进行进一步编辑。下面介绍如何导出标记文本。

01 在菜单栏中选择【文件】|【打开】命令，在弹出的对话框中打开 "素材 \Cha04\ 编辑文本 .indd"，在工具箱中单击【文字工具】按钮 **T**，在文档窗口中选择如图 4-46 所示的文字。

图 4-46

02 在菜单栏中选择【文件】|【导出】命令，在弹出的对话框中为其指定导出的路径并为其命名，将【保存类型】设置为【Adobe InDesign 标记文本】，将【文件名】设置为 "导出的标记文本文件 .txt"，如图 4-47 所示。

03 设置完成后，单击【保存】按钮，再在弹出的对话框中选中【缩写】单选按钮，将【编码】类型设置为 ASCII，如图 4-48 所示。

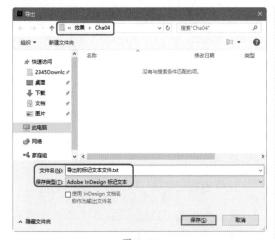

图 4-47

图 4-48

04 设置完成后,单击【确定】按钮,即可导出标记文本,如图 4-49 所示。

图 4-49

如果要在不丢失字处理程序不支持的特殊格式的情况下添加或删除文本,将标记文本导入一个字处理程序中就很有意义。编辑文本后,就可以保存改变的文件并将其重新导入 InDesign 版面中。

理解标记文本格式的最佳方法就是将一些文档导出为标记文本,并在一个字处理程序中打开结果文件,查看 InDesign 2020 如何编辑文件。一个标记文本文件只是一个 ASCII 文本文件,因此它会有文件扩展名,在 Windows 中为 .txt,在 Mac 上使用标准的纯文本文件图标。

2. 导入标记文本

下面介绍如何导入标记文本,具体操作步骤如下。

01 在工具箱中单击【文字工具】按钮 **T**,在文档窗口中选择如图 4-50 所示的文字。

图 4-50

02 在菜单栏中选择【文件】|【置入】命令,在弹出的对话框中选择"素材 \Cha04\ 标记文本 .txt",勾选【显示导入选项】复选框,如图 4-51 所示。

图 4-51

03 单击【打开】按钮,再在弹出的对话框中使用其默认设置,如图 4-52 所示。

04 单击【确定】按钮,将导入的文字选中,在【字符】面板中设置【字体】为【方正粗圆简体】,【字体大小】设置为 30 点,将【字符间距】设置为 50，在【段落】面板中将【首行左缩进】设置为 20 毫米，完成后的效果如图 4-53 所示。

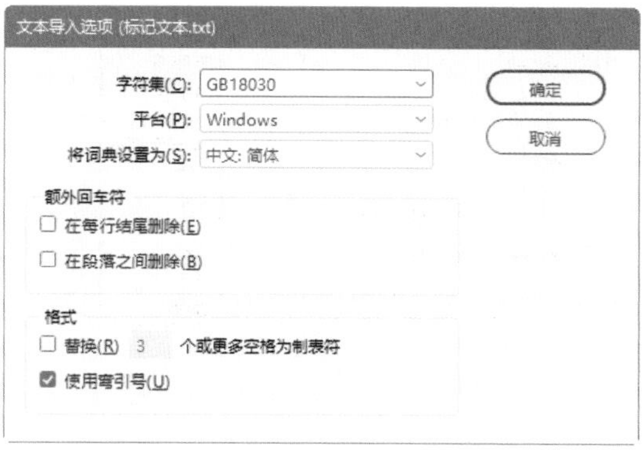

图 4-52

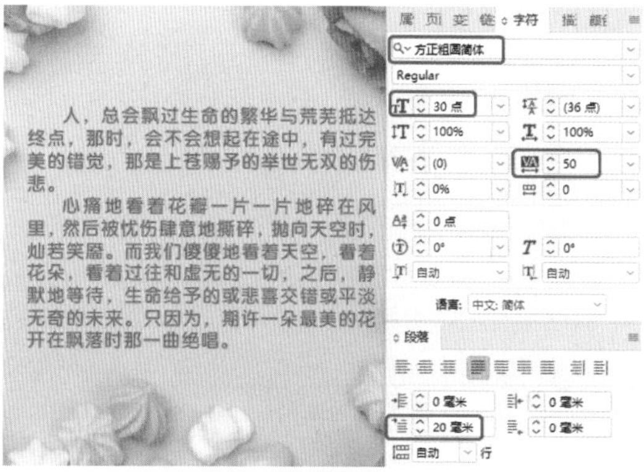

图 4-53

■ 4.1.3 查找和更改文本

查找与更改是文字处理程序中一个非常有用的功能。在 InDesign 中，用户可以使用【查找 / 更改】对话框在文档中的所有文本中查找或更改需要的字段。下面对查找和更改文本进行简单的介绍。

01 在菜单栏中选择【文件】|【打开】命令，在弹出的对话框中打开"素材 \Cha04\ 素材 \ 查找和更改文本 .indd"，如图 4-54 所示。

02 在菜单栏中选择【编辑】|【查找 / 更改】命令，如图 4-55 所示。

03 在弹出的对话框中选择【文本】选项卡，在【查找内容】文本框中输入"一篇一篇"，在【更改为】文本框中输入"一片一片"，单击【全部更改】按钮，如图 4-56 所示。

图 4-54

图 4-55

图 4-56

04 在弹出的 Adobe InDesign 对话框中单击【确定】按钮，将对话框关闭即可，完成后的效果如图 4-57 所示。

图 4-57

1. 【文本】选项卡

在【文本】选项卡中可以搜索并更改一些特殊字符、单词、多组单词或特定格式的文本。该选项卡含有【查找内容】【更改为】【搜索】【查找格式】【更改格式】功能和相应的控制按钮。

◎ 【存储查询】按钮 ▣：单击该按钮可以保存查询的内容。

◎ 【删除查询】按钮 ▣：单击该按钮可以将所保存的查询内容删除。当单击该按钮后，会弹出一个对话框提示是否要删除选定的查询，如图 4-58 所示。

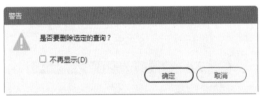

图 4-58

◎ 【查找内容】：在该文本框中可以输入需要查找的文本。

◎ 【更改为】：在该文本框中可以输入需要替换在【查找内容】文本框中输入的文本内容。

◎ 【要搜索的特殊字符】按钮 @,：单击【查找内容】与【更改为】文本框右侧的【要搜索的特殊字符】按钮，在弹出的下拉列表中可以选择特殊的字符，如图 4-59 所示。

图 4-59

◎ 【搜索】：在该下拉列表中可以选择搜索的范围，当选择【所有文档】和【文档】选项时，可以搜索当前所有打开的 InDesign 文档；当选择【文章】选项时，可以搜索当前所选中的文本框中的文本，其中包括与该文本框相串接的其他文本框，其下拉列表如图 4-60 所示。

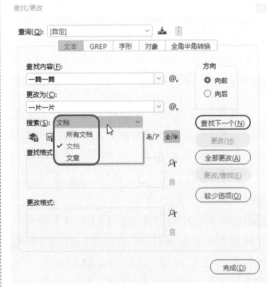

图 4-60

◎ 【包括锁定的图层和锁定的对象】按钮 ▣：单击该按钮后，在已经设置了锁定图层中的文本框也同样会被搜索，但是仅限于查找，不可以更改。

◎ 【包括锁定文章】按钮 🔒：单击该按钮后，在已经设置了锁定文章的文本框也同样会被搜索，但是仅限于查找，不可以更改。

◎ 【包括隐藏的图层和隐藏的对象】按钮 📑：单击该按钮后，在已经设置了隐藏图层中的文本框也同样会被搜索，当在隐藏图层中的文本框中搜索到需要查找的文本时，该文本框会突出显示，但不能看到文本框中的文本。

◎ 【包括主页】按钮 📖：单击该按钮后，可以搜索主页中的文本。

◎ 【包括脚注】按钮 📄：单击该按钮后，可以搜索脚注中的文本。

◎ 【区分大小写】按钮 Aa：单击该按钮后，只会搜索与【查找内容】文本框中输入的字母大小写完全匹配的字母或单词。

◎ 【全字匹配】按钮 🔤：单击该按钮后，只会搜索与【查找内容】文本框中输入的完全匹配的单词，如在【查找内容】文本框中输入单词 Book，在搜索文本框中如果存在单词 Books，将会被忽略。

◎ 【区分假名】按钮 あ/ア：单击该按钮后，在搜索过程中可以区分平假名和片假名。

◎ 【区分全角／半角】按钮 全/半：单击该按钮后，在搜索过程中可以区分全角字符和半角字符。

◎ 【查找格式】列表与【更改格式】列表：单击列表框右侧的【指定要更改的属性】🔍 按钮，或者在列表框中单击，便可以打开【查找格式设置】对话框，如图 4-61 所示。在该对话框中左侧的选项列表中提供了 25 个选项，每选中一个选项，在右侧便会出现该选项的相应设置。可以添加各种不同的搜索或更改的格式属性，设置完成后，单击【确定】按钮，便可

以添加搜索的格式属性，如图 4-62 所示。

◎ 【清除指定的属性】按钮 🗑：单击该按钮后，即可将其对应的列表框中的属性进行清除。

图 4-61

图 4-62

2. GREP 选项卡

在该选项卡中使用高级搜索方法，可以构建 GREP 表达式，以便在比较长的文档或在打开的多个文档中查找字母、字符串、数字和模式，如图 4-63 所示。可以直接在文本框中输入 GREP 元字符，也可以单击【要搜索的特殊字符】按钮，在弹出的下拉列表中选择元字符。GREP 选项卡在默认状态下会区分搜索时字母的大小写，其他设置与【文本】选项卡基本相同。

图 4-63

3.【字形】选项卡

在该选项卡中可以使用 Unicode 或 GID/CID 值搜索并替换字形。该选项卡在查找或更改亚洲字形时非常实用，含有【查找字形】选项组、【更改字形】选项组和【搜索】选项，如图 4-64 所示。

图 4-64

◎ 【查找字形】选项组：可以设置需要查找的字体系列、字体样式、ID 选项。

◎ 【字体系列】：可以设置需要查找文本的字体，直接在文本框中输入中文是无效的。可以在该选项的下拉列表中选择，在下拉列表中只会出现当前打开的文档中现有的文字。

◎ 【字体样式】：可以设置需要查找文本的字体样式，直接在文本框中输入中文是无效的，可以在该选项的下拉列表中选择。

◎ ID：可以设置使用 Unicode 值方式搜索，或者使用 GID/CID 值的方式搜索。

◎ 字形：在该选项框中可以选择一种字形。

◎ 【更改字形】选项组：该选项组与【查找字形】选项组设置的方法基本相同。

4.【对象】选项卡

在该选项卡中可以搜索或更改框架效果和框架属性，该选项卡含有【查找对象格式】【更改对象格式】【搜索】【类型】4 个选项，如图 4-65 所示。

图 4-65

◎ 【指定要查找的属性】按钮 ：单击该按钮，可以弹出【查找对象格式选项】对话框。在该对话框中可以设置需要查找的对象属性或效果，如图 4-66 所示。

◎ 【清除指定的属性】按钮 ：单击该按钮后，可以将其对应的属性设置清除。

◎ 【搜索】：在该下拉列表中可以选择搜索的范围。

◎ 【类型】：可以在该下拉列表中选择需要查找对象的类型，选择【所有框架】选项时，可以在所有框架中进行搜索；选择【文本框架】选项时，可以在所有的文本框架中进行搜索；选择【图形框架】选项时，可以在所有的图形框架中进行搜索；选择【未指定的框架】选项时，可以在所有未指定的框架中进行搜索。

图 4-66

5.【全角半角转换】选项卡

在【全角半角转换】选项卡中可以搜索半角或全角文本并可以相互转换，还可以搜索半角片假名或半角罗马字符与全角片假名或全角罗马字符并相互转换。该选项卡含有【查找内容】【更改为】【搜索】【查找格式】和【更改格式】选项，如图4-67所示。

图 4-67

在【查找内容】与【更改为】选项的下拉列表中可以设置需要查找或更改的选项，如图 4-68 所示。其他设置与【文本】选项卡中的设置方法基本相同。

图 4-68

> 提示：此时【查找】按钮将会变成【查找下一个】按钮，如果查找到的内容不是需要的，可以单击该按钮。

4.2 设置文本

本节介绍如何设置文本框架、在主页上创建文本框架、串接文本框架，以及修改文字大小、设置基线偏移、倾斜文本等操作。

■ 4.2.1 设置文本框架

利用 InDesign 2020 中的【文本框架选项】命令，可以方便快捷地对文本框架进行设置，步骤如下。

01 在菜单栏中选择【文件】|【打开】命令，在弹出的对话框中打开"素材\Cha04\素材\儿童画册.indd"，如图4-69所示。

图 4-69

02 在工具箱中单击【选择工具】按钮，在文档窗口中选择如图 4-70 所示的对象。

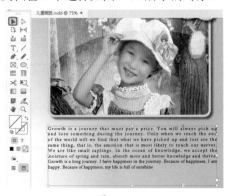

图 4-70

03 在菜单栏中选择【对象】|【文本框架选项】命令，如图 4-71 所示。

图 4-71

04 在弹出的对话框中选择【常规】选项卡，将【栏数】设置为 2，将【栏间距】设置为 12 毫米，如图 4-72 所示。

图 4-72

05 设置完成后，单击【确定】按钮，即可完成对选中对象的设置，效果如图 4-73 所示。

图 4-73

【文本框架选项】对话框中各选项的功能如下。

1）【列数】选项组

该选项组用于设置文本框中文本内容的分栏方式。

◎ 【栏数】：在文本框中输入数值可以设置文本框的栏数。

◎ 【栏间距】：该选项可以设置文本中行与行的间距，如图 4-74 所示。

图 4-74

图 4-75

◎ 【宽度】：在该选项的文本框中输入数值，可以控制文本框架的宽度。数值越大，文本框架的宽度就越宽；数值越小，文本框架的宽度就越窄。

◎ 【平衡栏】：勾选该复选框可以将文字平衡分到各个栏中。

2）【内边距】选项组

在【内边距】选项组下的文本框中输入数值，可以设置文本框架向内缩进。

3）【垂直对齐】选项组

【垂直对齐】选项组用于设置文本框架中文本内容的对齐方式。在【对齐】选项中可以对文本设置对齐方式，其中包括【上】【居中】【下】和【两端对齐】等四个选项。

4）【忽略文本绕排】复选框

勾选该复选框后，如果在文档中对图片或图形进行了文本绕排，则取消文本绕排。

5）【预览】复选框

勾选该复选框后，在【文本框架选项】对话框中设置参数时，在文档中会看到设置的效果。

要更改所选文本框架的首行基线选项，可以在【文本框架选项】对话框中选择【基线选项】选项卡，【首行基线】选项组中的【位移】下拉列表中有几个选项，如图 4-75 所示。

◎ 【字母上缘】：字体中字符的高度降到文本框架的位置。

◎ 【大写字母高度】：大写字母顶部触及文本框架上的位置。

◎ 【行距】：以文本的行距值作为文本首行基线和框架的上内陷之间的距离。

◎ 【x 高度】：字体中字符的高度降到框架的位置。

◎ 【全角字框高度】：全角字框决定框架的顶部与首行基线之间的距离。

◎ 【固定】：指定文本首行基线和框架的上内陷之间的距离。

【最小】：选择基线位移的最小值文本，如果将位移设置为【行距】，当使用的位移值小于行距值时，将应用【行距】；当设置的位移值大于行距值时，则将位移值应用于文本。

勾选【使用自定基线网格】复选框，将【基线网格】选项激活，各选项介绍如下。

◎ 【开始】：在文本框中输入数值以从页面顶部、页面的上边距、框架顶部或框架的上内陷移动网格。

◎ 【相对于】：该选项中有【页面顶部】、【上边距】、【框架顶部】和【上内边距】等四个选项。

◎ 【间隔】：在文本框中输入数值作为网格线之间的间距。

◎ 【颜色】：为网格选择一种颜色，如

图 4-76 所示。

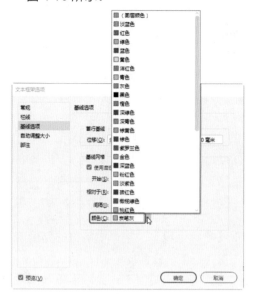

图 4-76

4.2.2 在主页上创建文本框架

在 InDesign 2020 中，用户可以根据需要在主页上创建文本框架。在默认情况下，在主页上创建的文本框架允许自动将文本排列到文档中。当创建一个新文档时，可以创建一个主页文本框，它将适应页边距并包含指定数量的分栏。

在主页上可以设置以下多种文本框。

◎ 包含像杂志页眉这样的标准文本的文本框。

◎ 包含像图题或标题等元素的占位符文本的文本框。

◎ 用于在页面内排列文本的自动置入的文本框，自动置入的文本框被称为主页文本框，并创建于【新建文档】对话框。

在主页上创建文本框架的步骤如下。

01 在菜单栏中选择【文件】|【新建】|【文档】命令，在弹出的对话框中勾选【主文本框架】复选框，如图 4-77 所示。

02 单击【边距和分栏】按钮，在弹出的对话框中进行相应的设置，如图 4-78 所示。

图 4-77

图 4-78

03 设置完成后，单击【确定】按钮，即可创建一个包含主页文本框的新文档，如图 4-79 所示。

图 4-79

4.2.3 串接文本框架

串接文本框架中的文本可独立于其他框架，也可在多个框架之间连续排文。要在多个框架之间连续排文，必须先连接这些框架。连接的框架可位于同一页或跨页，也可位于文档的其他页。在框架之间连接文本的过程称为串接文本，效果如图 4-80 所示。

图 4-80

素材	素材 \Cha04\ 素材 02.indd
场景	场景 \Cha04\【实战】串接文本框架 .indd
视频	视频教学 \Cha04\【实战】串接文本框架 .mp4

01 在菜单栏中选择【文件】|【打开】命令，在弹出的对话框中打开"素材 \Cha04\ 素材\ 素材 02.indd"，在工具箱中单击【选择工具】按钮 ▶，在文本窗口中选择如图 4-81 所示的对象。

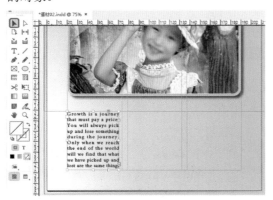

图 4-81

02 在文档窗口中单击文本框架右下角的田按钮，然后在文档窗口中根据辅助线绘制出其他文本框，串接文本框架效果如图 4-82 所示。

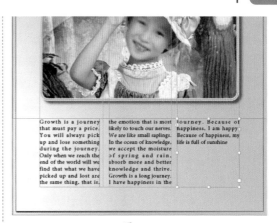

图 4-82

提示：在剪切或删除串接文本框架时，并不会删除文本内容，其文本仍包含在串接中。剪切和删除串接文本框架的区别在于：剪切的框架将使用文本的副本，不会从原文章中除去任何文本。在一次剪切和粘贴一系列串接文本框架时，粘贴的框架将保持彼此之间的链接，但将失去与原文章中任何其他框架的链接；当删除串接中的文本框架时，文本将成为溢出文本，或排列到连续的下一框架中。

从串接中剪切框架就是使用文本的副本，将其粘贴到其他位置。使用【选择工具】选择一个或多个框架（按住 Shift 键并单击可选择多个对象），在菜单栏中选择【编辑】|【剪切】命令，选中的框架将消失，其中包含的所有文本都排列到该文章内的下一个框架中。剪切文章的最后一个框架时，其中的文本存储为上一个框架的溢出文本。

从串接中删除框架就是将所选框架从页面中去掉，而文本将排列到连续的下一框架中。如果文本框架未链接到其他任何框架，则可将框架和文本一起删除。使用【选择工具】选择所需删除的框架，按键盘上的 Delete 键即可。

■ 4.2.4 文字的设置

在 InDesign 2020 中，包含很多种文字的编辑功能。用户可以根据需要对字体进行相应的设置，本节对其进行简单的介绍。

1. 修改文字大小

在 InDesign 2020 中进行编辑时，难免会对文字的大小进行更改，合理有效地调整字体大小，能使整篇设计的文字构架更具可读性。下面介绍如何对文字的大小进行修改。

01 在菜单栏中选择【文件】|【打开】命令，在弹出的对话框中打开"素材\Cha04\素材\文字的设置.indd"，如图 4-83 所示。

图 4-83

02 在工具箱中单击【选择工具】按钮▶，在文档窗口中选择要调整大小的文字，如图 4-84 所示。

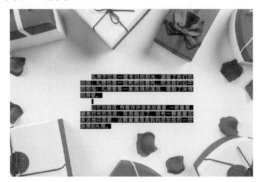

图 4-84

03 在菜单栏中选择【文字】|【字符】命令，在弹出的【字符】面板中将【字体大小】设置为 28 点，如图 4-85 所示。

图 4-85

04 按 Enter 键确认，完成后的效果如图 4-86 所示。

图 4-86

2. 设置基线偏移

在 InDesign 2020 中，【基线偏移】是允许将突出显示的文本移动到其他基线的上面或下面的一种偏移方式。下面对其进行简单的介绍，具体操作步骤如下。

01 继续上面的操作，在文档窗口中选择要进行设置的文字，在菜单栏中选择【文字】|【字符】命令，如图 4-87 所示。

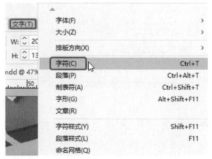

图 4-87

02 在弹出的【字符】面板中将【基线偏移】

设置为 15 点，如图 4-88 所示。

图 4-88

03 按 Enter 键确认，完成后的效果如图 4-89 所示。

图 4-89

3. 倾斜文本

在 InDesign 2020 中，用户可以对文字进行倾斜，以达到简单美化的效果。下面对其进行简单的介绍，具体操作步骤如下。

01 在菜单栏中选择【文件】|【打开】命令，在弹出的对话框中打开"素材\Cha04\ 素材\倾斜素材 .indd"，如图 4-90 所示。

图 4-90

02 在工具箱中单击【选择工具】按钮 ▶，在文档窗口中选择如图 4-91 所示的文字。

图 4-91

03 按 Ctrl+T 组合键打开【字符】面板，在该面板中将【倾斜】设置为 25°，并按 Enter 键确认，完成后的效果如图 4-92 所示。

图 4-92

课后项目
练习

文艺类书籍封面设计

书籍封面可以有效而恰当地反映书籍的 内容、特色和著译者的意图。设计书籍封面要符合读者不同年龄、职业、性别的需要，还要考虑大多数人的审美，并体现不同的民族风格和时代特征，效果如图 4-93 所示。

课后项目练习效果展示

图 4-93

课后项目练习过程概要

（1）使用【矩形工具】和【文字工具】制作封面的文案，置入"文艺类素材 01.jpg"素材文件，完善书籍封面设计。

（2）使用【文字工具】【直线工具】制作出书籍脊背与底面效果，置入"文艺类素材 02 .png"素材文件，完善书籍脊背设计，通过执行【对象】|【生成 QR 码】命令，生成书籍二维码。

素材	素材 \Cha04\ 文艺类素材 01.jpg、文艺类素材 02 .png
场景	场景 \Cha04\ 文艺类书籍封面设计 .indd
视频	视频教学 \Cha04\ 文艺类书籍封面设计 .mp4

01 启动 InDesign 2020，按 Ctrl+N 组合键打开【新建文档】对话框，将【宽度】和【高度】分别设置为 456 毫米、303 毫米，将【页面】设置为 1，如图 4-94 所示。

02 单击【边距和分栏】按钮，在弹出的对话框中将【边距】选项组中的【上】【下】【左】【右】都设置为 0 毫米，单击【确定】按钮，在工具箱中单击【矩形工具】按钮，在文档

窗口中绘制一个与文档大小相同的矩形，如图 4-95 所示。

图 4-94

图 4-95

03 选中绘制的矩形，按 F6 键打开【颜色】面板，在该面板中将填色的 RGB 值设置为 175、227、255，将描边设置为无，如图 4-96 所示。

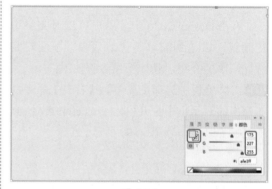

图 4-96

04 在工具箱中单击【文字工具】按钮 T，在文档窗口中绘制一个文本框，输入文字，选中输入的文字，在【字符】面板中将字体设置为【汉仪大宋简】，将【字体大小】设置为 60 点，将【行距】设置为 60 点，如图 4-97 所示。

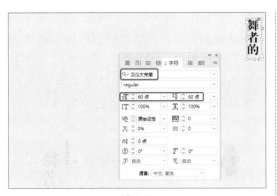

图 4-97

05 继续选中该文字，对其进行粘贴，选中粘贴后的文字，在文档窗口中调整其位置，在【字符】面板中将【字体大小】和【行距】均设置为 65 点，效果如图 4-98 所示。

图 4-98

06 在工具箱中单击【矩形工具】按钮 □，在文档窗口中绘制一个矩形，在【颜色】面板中将填色设置为黑色，将其描边设置为无，在【变换】面板中将 W、H 分别设置为 5 毫米、29.5 毫米，效果如图 4-99 所示。

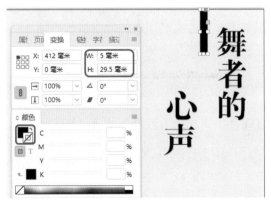

图 4-99

07 在工具箱中单击【文字工具】按钮 T，

在文档窗口中绘制一个文本框，输入如图 4-100 所示的文字，并在【字符】面板中将字体设置为【Adobe 宋体 Std】，将【字体大小】设置为 18 点，将【行距】设置为 36 点，将【字符间距】设置为 10。

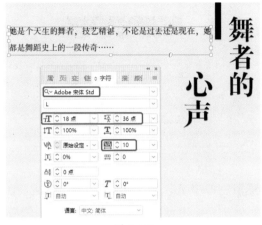

图 4-100

08 按 Ctrl+D 组合键，在弹出的对话框中选择"素材\Cha04\ 文艺类素材 01.jpg"，单击【打开】按钮，在文档窗口中单击鼠标，置入选中的素材文件，并进行相应的调整，效果如图 4-101 所示。

图 4-101

09 在工具箱中单击【矩形工具】按钮 □，在文档窗口中绘制一个矩形，在【颜色】面板中将填色的 RGB 值设置为 197、231、250，将描边设置为无，如图 4-102 所示。

图 4-102

10 选中该矩形，在【变换】面板中将 W、H 分别设置为 30 毫米、303 毫米，适当调整对象的位置，如图 4-103 所示。

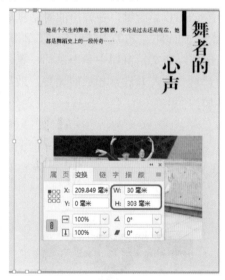

图 4-103

11 按 Ctrl+D 组合键，在弹出的对话框中选择"素材\Cha04\文艺类素材 02.png"，单击【打开】按钮，在文档窗口中单击鼠标，将选中的素材文件置入文档，并调整其位置及大小，效果如图 4-104 所示。

12 在工具箱中单击【文字工具】按钮 ，

在文档窗口中绘制一个文本框，输入文字，选中输入的文字，在【字符】面板中将字体设置为【苏新诗卵石体】，将【字体大小】设置为 38 点，将【字符间距】设置为 38 点，在【颜色】面板中将【填色】的 RGB 值设置为 197、231、250，如图 4-105 所示。

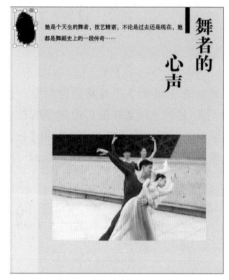

图 4-104

图 4-105

13 使用同样的方法输入其他文字，并对输入的文字进行相应的设置，效果如图 4-106 所示。

图 4-106

14 在文档窗口中选择如图 4-107 所示的两个文字，在【效果】面板中将【混合模式】设置为【正片叠底】，将【不透明度】设置为20%。

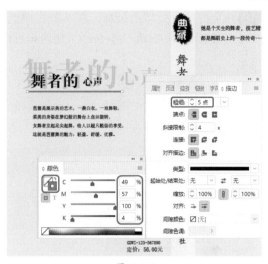

图 4-108

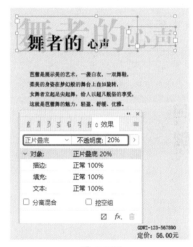

图 4-107

15 在工具箱中单击【直线工具】按钮，在文档窗口中按住 Shift 键绘制一条水平直线，在【描边】面板中将【粗细】设置为5点，在【颜色】面板中将【描边】的 CMYK 值设置为49%、57%、100%、4%，如图 4-108 所示。

16 使用同样的方法再绘制一条直线，并将其【描边】颜色设置为黑色，将【粗细】设置为2点，如图 4-109 所示。

17 在工具箱中单击【矩形工具】按钮 □，在文档窗口中绘制一个矩形，在【颜色】面板中将【填色】的 CMYK 值设置为0、0、0、0，将【描边】设置为无，在【变换】面板中将 W、H 分别设置为39毫米、42毫米，如图 4-110 所示。

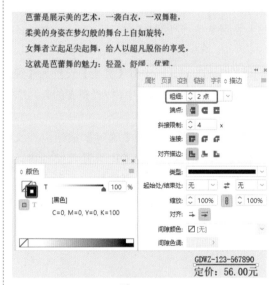

图 4-109

图 4-110

18 在空白位置处单击鼠标，在菜单栏中选
择【对象】|【生成 QR 码】命令，如图 4-111
所示。

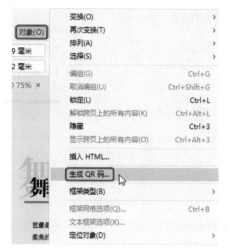

图 4-111

19 在弹出的对话框中将【类型】设置为【纯
文本】，在【内容】文本框中输入"舞者的心声"，
如图 4-112 所示。

20 输入完成后，单击【确定】按钮，在文
档窗口中单击鼠标，将 QR 码置入文档中，
并调整其大小与位置，再根据前面所介绍的
方法输入其他文字，效果如图 4-113 所示。

图 4-112

图 4-113

第 5 章

旅游杂志内页设计——图文混排与段落文本

　　本章简单讲解图文混排的应用、文本段落的美化以及样式的设置等，其中重点学习旅游杂志内页、几何杂志版面的制作。

案例精讲
旅游杂志内页设计

为了更好地完成本设计案例，现对制作要求及设计内容做如下规划，效果如图 5-1 所示。

作品名称	旅游杂志内页设计
作品尺寸	296 毫米 ×210 毫米
设计创意	本案例讲解如何使用【剪刀工具】裁剪置入的素材文件，然后使用【矩形工具】、【段落】效果来完善空白处，最终制作旅游杂志内页效果。
主要元素	（1）旅游景点； （2）杂志内页文案。
应用软件	InDesign 2020
素材	素材 \Cha05\ 旅游素材 01.jpg、旅游素材 02.jpg、旅游素材 03.jpg、旅游素材 04.jpg
场景	场景 \Cha05\【案例精讲】旅游杂志内页设计 .indd
视频	视频教学 \Cha05\【案例精讲】旅游杂志内页设计 .mp4
旅游杂志内页效果欣赏	 图 5-1
备注	

01 新建一个【宽度】【高度】分别为 296 毫米、210 毫米的文档，并将边距均设置为 10 毫米，单击【确定】按钮。按 Ctrl+D 组合键，弹出【置入】对话框，选择"素材 \Cha05\ 旅游素材 01.jpg"，单击【打开】按钮，置入素材并进行调整，如图 5-2 所示。

02 在工具箱中选择【剪刀工具】，将鼠标指针放到图形边框上，当鼠标指针变成 形状后，在图形边框上单击，如图 5-3 所示。

图 5-2

图 5-3

03 再次在图形边框的其他位置单击完成裁剪，使用工具箱中的【选择工具】选择文档中的图形，可以看到图形已经被切成两半，然后选择右侧的图形，按 Delete 键将其删除，效果如图 5-4 所示。

图 5-4

04 在工具箱中选择【钢笔工具】绘制一个图形，将填色、描边都设置为无，如图 5-5 所示。

05 在菜单栏中选择【文件】|【置入】命令，弹出【置入】对话框，选择"素材 \Cha05\ 旅游素材 02.jpg"，单击【打开】按钮，即可将

选择的图片置入图形中，然后双击图片将其选中，在按住 Shift 键的同时拖动图片调整其大小，并调整其位置，如图 5-6 所示。

图 5-5

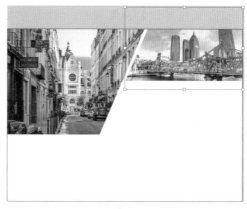

图 5-6

06 使用同样的方法绘制其他图形并置入"旅游素材 03.jpg"、"旅游素材 04.jpg"素材文件，效果如图 5-7 所示。

图 5-7

07 选中如图 5-8 所示的素材文件，单击鼠标右键，在弹出的快捷菜单中选择【变换】|【水平翻转】命令，然后调整素材位置。

图 5-8

08 在工具箱中单击【椭圆工具】按钮◯，绘制圆形，将【填色】的 RGB 值设置为 208、18、27，将【描边】设置为无，将 W、H 值均设置为 65 毫米。使用【钢笔工具】绘制三角形，将【填色】的 RGB 值设置为 208、18、27，将【描边】设置为无，选择绘制的正圆和三角形对象，在【路径查找器】面板中单击【相加】按钮，效果如图 5-9 所示。

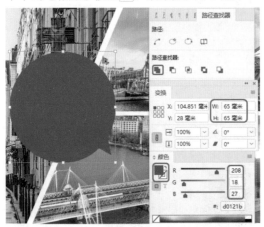

图 5-9

09 在工具箱中单击【椭圆工具】按钮◯，按住 Shift 键绘制正圆，在【颜色】面板中将填色设置为无，【描边】的 RGB 值设置为255、241、0，【粗细】设置为 3 点，如图 5-10 所示。

10 在工具箱中单击【文字工具】按钮 T，在文档窗口中绘制文本框并输入文字，选择输入的文字，将【字体】设置为 Arial，【字体系列】设置为 Black，【字体大小】设置为

30 点，文本颜色设置为白色，在【段落】面板中单击【居中对齐】按钮，如图 5-11 所示。

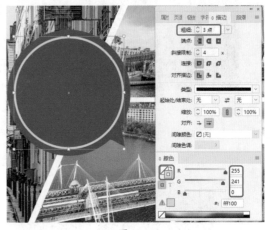

图 5-10

图 5-11

11 继续使用【文字工具】，输入如图 5-12 所示的文本，将【字体】设置为【Adobe 宋体 Std】，【字体大小】设置为 11 点。

图 5-12

12 在工具箱中单击【矩形工具】按钮，绘制矩形，在【颜色】面板中，将【填色】的 RGB 值设置为 228、0、127，将【描边】

设置为无，将 W、H 值均设置为 7.8 毫米，如图 5-13 所示。

图 5-13

【13】在工具箱中单击【文字工具】按钮 **T**，在文档窗口中绘制文本框并输入文字，选择输入的文字，将【字体】设置为【Adobe 宋体 Std】，【字体大小】设置为 22 点，文本颜色设置为白色，如图 5-14 所示。

图 5-14

【14】选择矩形和文字对象，单击鼠标右键，在弹出的快捷菜单中选择【编组】命令，如图 5-15 所示。

【15】将对象进行编组，然后调整对象的位置。在菜单栏中选择【窗口】|【文本绕排】命令，打开【文本绕排】面板，单击【沿对象形状绕排】按钮 **畺**，如图 5-16 所示。

【16】打开【链接】面板，选择置入的所有对象，单击鼠标右键，在弹出的快捷菜单中选择【嵌入链接】命令，嵌入后的效果如图 5-17 所示。

图 5-15

As we all know ,Paris is the capital of France.It is such a beautiful place that all the people would like to visit it some day.The weather is neither hot in summer nor cold in winter.There are many many museums ,theatres ,gardens,fountains （喷泉）and sculptures （雕

places of interest in that city such as Notre-Dame de Paris （巴黎圣母院） and Versailles Palace. （凡尔赛宫） You can see

图 5-16

图 5-17

5.1 沿对象形状绕排

使用 InDesign 2020 的文本绕排功能可以将文本绕排在任何对象周围。本节首先介绍

文本绕排的方式、如何沿对象形状绕排，其次介绍如何对形状进行剪切，通过创建图像的路径和图形的框架，可以创建剪切路径来隐藏图像中不需要的部分。

■ 5.1.1　文本绕排

在【文本绕排】面板中提供了多种文本绕排的方式，如沿定界框绕排、沿对象形状绕排、上下型绕排和下型绕排等。应用好文本绕排功能可以使设计的杂志、报纸和期刊更加生动美观。

在菜单栏中选择【窗口】|【文本绕排】命令，即可打开【文本绕排】面板，如图 5-18 所示。

图 5-18

1. 文本绕排的方式

在 InDesign 2020 中，文本围绕障碍对象的排列是由障碍对象所用的文本绕排方式决定的。下面对文本绕排方式进行详细的介绍，操作步骤如下。

`01` 在菜单栏中选择【文件】|【打开】命令，打开"素材 \Cha05\001.indd"，然后使用【选择工具】 ▶ 选择需要应用文本绕排的图形对象，如图 5-19 所示。

`02` 在菜单栏中选择【窗口】|【文本绕排】命令，打开【文本绕排】面板，然后在该面板中单击【沿定界框绕排】按钮 ，如图 5-20 所示。

`03` 单击该按钮后的文档效果如图 5-21 所示。

图 5-19

图 5-20

图 5-21

`04` 在【文本绕排】面板中单击【沿对象形状绕排】按钮 ，文档效果如图 5-22 所示。

图 5-22

05 在【文本绕排】面板中单击【上下型绕排】按钮 ，文档效果如图 5-23 所示。

图 5-23

06 在【文本绕排】面板中单击【下型绕排】按钮 ，文档效果如图 5-24 所示。

07 如果要使用图形分布文本，可在【文本绕排】面板中勾选【反转】复选框，绕排效果如图 5-25 所示。

08 如果需要设置图形与文本的间距，可以通过在【上位移】【下位移】【左位移】和【右位移】文本框中输入数值来调整，图 5-26 所示为设置各个位移数值为 10 毫米时的效果。

图 5-24

图 5-25

图 5-26

09 在【绕排选项】选项组的【绕排至】下拉列表中，可以指定绕排是应用于书脊的特定一侧、朝向书脊还是背向书脊。其中包括【右侧】【左侧】【左侧和右侧】【朝向书脊侧】【背向书脊侧】和【最大区域】选项，如图 5-27 所示。

图 5-27

10 在该下拉列表中选择【右侧】选项后的效果如图 5-28 所示。

图 5-28

11 在该下拉列表中选择【朝向书脊侧】选项后的效果如图 5-29 所示。

12 在该下拉列表中选择【背向书脊侧】选项后的效果如图 5-30 所示。

图 5-29

图 5-30

2.沿对象形状绕排

当选择绕排方式为【沿对象形状绕排】时，【文本绕排】面板中的【轮廓选项】会被激活，在该面板中可以对绕排轮廓进行设置，操作步骤如下。

01 打开"素材\Cha05\001.indd"，并设置绕排方式为【沿对象形状绕排】，如图 5-31 所示。

02 在【类型】下拉列表中可以对图形的绕排轮廓进行设置，其中包括【定界框】【检测边缘】【Alpha 通道】【Photoshop 路径】【图形框架】【与剪切路径相同】和【用户修改的路径】选项，如图 5-32 所示。

图 5-31

图 5-32

◎ 【定界框】：可以将文本绕排至由图像的高度和宽度构成的矩形。

◎ 【检测边缘】：可以使用自动边缘检测生成边界。

◎ 【Alpha 通道】：可以使用随图像存储的 Alpha 通道生成边界，如果此选项不可用，则说明没有随该图像存储任何 Alpha 通道。

◎ 【图形框架】：可以使用框架的边界绕排。

另外，在该下拉列表中选择【Photoshop 路径】选项，可以使用随图像存储的路径生成边界。如果【Photoshop 路径】选项不可用，则说明没有随该图像存储任何已命名的路径；选择【与剪切路径相同】选项可以使用导入图像的剪切路径生成边界；选择【用户修改的路径】选项可以使用修改的路径生成边界。

■ 5.1.2　使用剪切路径

剪切路径会裁剪掉部分图稿，以便只有图稿的一部分透过创建的形状显示出来。

1. 使用不规则的形状剪切图形

在 InDesign 中提供了不规则形状编辑工具，可以通过使用形状编辑工具绘制形状，再利用形状编辑文本绕排边界，操作步骤如下。

01 打开"素材 \Cha05\002.indd"，如图 5-33 所示。

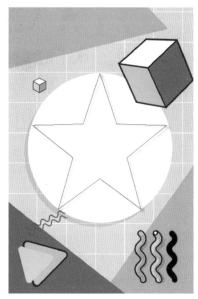

图 5-33

02 使用【选择工具】▶ 选择五角星，然后在菜单栏中选择【文件】|【置入】命令，如图 5-34 所示。

03 在弹出的对话框中选择"素材 \Cha05\004.jpg"，然后单击【打开】按钮，即可将图片置入形状中，适当调整对象的大小及位置，将五角星描边设置为无，效果如图 5-35 所示。

图 5-34

图 5-36

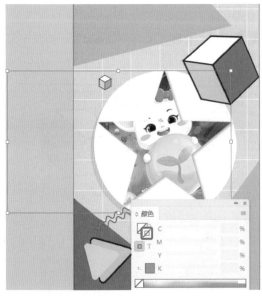

图 5-35

图 5-37

也可以使用下面的方法剪切图形。

01 打开"素材 \Cha05\003.indd",选择三角形,如图 5-36 所示。

02 选择素材图片,在菜单栏中选择【编辑】|【复制】命令,然后选择三角形,在菜单栏中选择【编辑】|【贴入内部】命令,如图 5-37 所示。

03 即可将图片粘贴到绘制的不规则形状中,将描边设置为无,将图片背景删除,可看到贴入三角形内部的图片,效果如图 5-38 所示。

图 5-38

2. 使用【剪切路径】命令

下面介绍使用【剪切路径】命令创建剪切路径的方法，具体操作步骤如下。

01 打开"素材 \Cha05\004.indd"，选择如图 5-39 所示的圆。

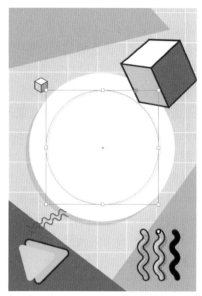

图 5-39

02 在菜单栏中选择【文件】|【置入】命令，在弹出的对话框中选择"素材 \Cha05\004.jpg"，然后单击【打开】按钮，将图片置入圆中，如图 5-40 所示。

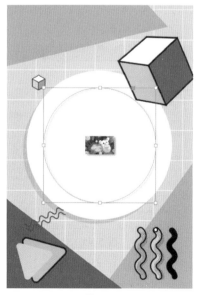

图 5-40

03 选中置入的图片，然后调整图片的大小及位置，效果如图 5-41 所示。

图 5-41

04 单击选择圆，并在菜单栏中选择【对象】|【剪切路径】|【选项】命令，如图 5-42 所示。

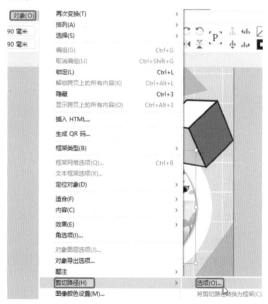

图 5-42

05 此时会弹出【剪切路径】对话框，如图 5-43 所示。

06 在【类型】下拉列表中有 5 个选项可供选择，分别是【无】【检测边缘】【Alpha 通道】【Photoshop 路径】和【用户修改的路径】。在该下拉列表中选择【检测边缘】选项,如图 5-44 所示,即可将下面相应的选项激活,各选项功能介绍如下。

图 5-43

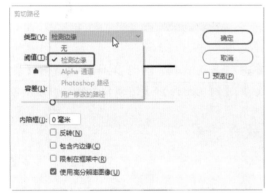

图 5-44

◎ 【阈值】:定义生成的剪切路径最暗的像素值。从 0 开始增大像素值可以使更多的像素变得透明。

◎ 【容差】:指定在像素被剪切路径隐藏以前,像素的亮度值与【阈值】的接近程度。增加【容差】值有利于删除由孤立像素所造成的不需要的凹凸部分,这些像素比其他像素暗,但接近【阈值】中的亮度值。

◎ 【内陷框】:相对于由【阈值】和【容差】值定义的剪切路径收缩生成的剪切路径。与【阈值】和【容差】不同,【内陷框】值不考虑亮度值,而是均匀地收缩剪切路径的形状。稍微调整【内陷框】

值可以帮助隐藏使用【阈值】和【容差】值无法消除的孤立像素。输入负值可使生成的剪切路径比由【阈值】和【容差】值定义的剪切路径大。

◎ 【反转】:通过将最暗色调作为剪切路径的开始,来切换可见和隐藏区域。

◎ 【包含内边缘】:使存在于原始剪切路径内部的区域变得透明。默认情况下,【剪切路径】命令只使外面的区域变为透明,因此使用【包含内边缘】选项可以正确表现图形中的空洞。当希望其透明区域的亮度级别与必须可见的所有区域均不匹配时,该选项的效果最佳。

◎ 【限制在框架中】:创建终止于图形可见边缘的剪切路径。当使用图形的框架裁剪图形时,使用【限制在框架中】选项可以生成更简单的路径。

◎ 【使用高分辨率图像】:为了获得最大的精确度,应使用实际文件计算透明区域。取消勾选【使用高分辨率图像】复选框,系统将根据屏幕显示分辨率来计算透明度,这样会使速度更快,但精确度较低。

07 在该对话框中将【阈值】设置为 55,将【容差】设置为 10,然后勾选【限制在框架中】复选框,如图 5-45 所示。

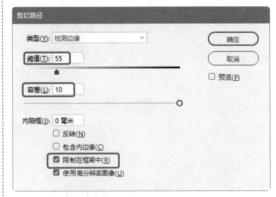

图 5-45

08 设置完成后单击【确定】按钮,完成对剪切路径的设置,效果如图 5-46 所示。

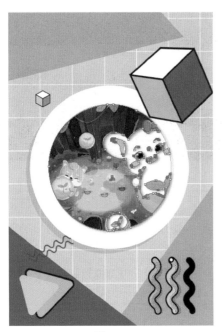

图 5-46

话框中选择"素材 \Cha05\ 渐变背景 .jpg"，如图 5-49 所示。

图 5-47

5.2 建立复合路径

本节首先介绍将文本字符作为图形框架建立复合路径，其次讲解【剪刀工具】的使用方法。

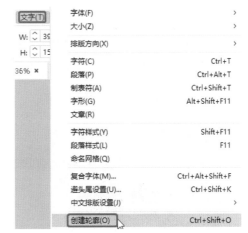

图 5-48

■ 5.2.1 将文本字符作为图形框架

在 InDesign 2020 中通过使用【创建轮廓】命令可以将选中的文本转换为可编辑的轮廓线，然后将图形置入轮廓线中。对使用【创建轮廓】命令所创建的字符轮廓线还可以进行修改，修改方法与修改其他形状一样。

01 打开"素材 \Cha05\005.indd"，选择如图 5-47 所示的文本。

02 在菜单栏中选择【文字】|【创建轮廓】命令，如图 5-48 所示。

03 选择该命令后，即可将文本转换为可编辑的轮廓线。选择该轮廓线，然后在菜单栏中选择【文件】|【置入】命令，在弹出的对

图 5-49

04 单击【打开】按钮，即可将图片置入轮廓线中，效果如图 5-50 所示。

图 5-50

05 使用【直接选择工具】 ▷ 可以调整导入的图片的大小与位置，也可以调整轮廓线的形状，效果如图 5-51 所示。

图 5-51

【实战】将复合形状作为图形框架

将多个路径组合为单个对象，此对象称为复合路径。下面介绍将复合形状作为图形框架的方法，效果如图 5-52 所示。

图 5-52

素材	素材 \Cha05\ 素材 1.jpg、素材 2.jpg
场景	场景 \Cha05\【实战】将复合形状作为图形框架 .indd
视频	视频教学 \Cha05\【实战】将复合形状作为图形框架 .mp4

01 新建【宽度】【高度】分别为 1920 px、1080 px，【页面】为 1，【边距】为 20 毫米的文档，在菜单栏中选择【文件】|【置入】命令，在弹出的对话框中选择"素材 \Cha05\ 素材 2.jpg"，单击【打开】按钮，将图片置入文档中，并调整图片的大小和位置，如图 5-53 所示。

图 5-53

02 再次在菜单栏中选择【文件】|【置入】命令，在弹出的对话框中选择"素材 \Cha05\ 素材 1.jpg"，单击【打开】按钮，将图片置入文档中，然后调整其位置，如图 5-54 所示。

图 5-54

03 使用【矩形工具】绘制矩形，将 W、H 分别设置为 826 px、470 px，将填色设置为黑色，如图 5-55 所示。

图 5-55

04 选中绘制的矩形，在菜单栏中选择【对象】|【角选项】命令，弹出【角选项】对话框，将【转角形状】设置为圆角，将【转角大小】设置为 8px，如图 5-56 所示。

图 5-56

05 单击【确定】按钮，选择工具箱中的【选择工具】，在按住 Shift 键的同时，选择圆角矩形和置入的素材图片，如图 5-57 所示。
06 在菜单栏中选择【对象】|【路径】|【建立复合路径】命令，创建复合路径后的图形效果如图 5-58 所示。

图 5-57

图 5-58

5.2.2 使用【剪刀工具】

通过使用工具箱中的【剪刀工具】，可以将对象切成两半。该工具允许在任何锚点处或沿任何路径段拆分路径、图形框架或空白文本框架，操作步骤如下。
01 打开"素材 \Cha05\006.indd"，如图 5-59 所示。

图 5-59

02 在工具箱中选择【剪刀工具】，将鼠标指针放到图形边框上，当鼠标指针变成形状后，在图形边框上单击，效果如图 5-60 所示。

图 5-60

03 再次在图形边框的其他位置单击,效果如图 5-61 所示。

图 5-61

04 使用工具箱中的【选择工具】 ▶ 选择文档中的图形,可以看到图形已经被切成两半,然后移动选择的图形,效果如图 5-62 所示。

图 5-62

提示:如果使用【剪刀工具】 ✂ 切开的是设置了描边的框架,则产生的新边不包含描边。

5.3 段落文本的基础操作

本节讲解段落文本的基础操作,其中包括设置段落的行距、对齐、缩进,增加段落间距、设置首字下沉,以及如何为段落文本添加项目符号和编号。

■ 5.3.1 段落基础

在单个段落中只能应用相同的段落格式,而不能在一个段落中指定一行为左对齐,其余的行为左缩进。段落中的所有行都必须共享相同的对齐方式、缩进和制表行设置等段落格式。

在菜单栏中选择【窗口】|【文字和表】|【段落】命令,打开【段落】面板,如图 5-63 所示。单击【段落】面板右上角的 ☰ 按钮,在弹出的下拉菜单中可以选择相应的命令,如图 5-64 所示。

图 5-63

在工具箱中单击【文字工具】按钮 **T**,然后单击控制栏中的【段落格式控制】按钮 段,可以将控制栏切换到段落格式控制选项,在控制栏中也可以对段落格式选项进行设置,如图 5-65 所示。

图 5-64

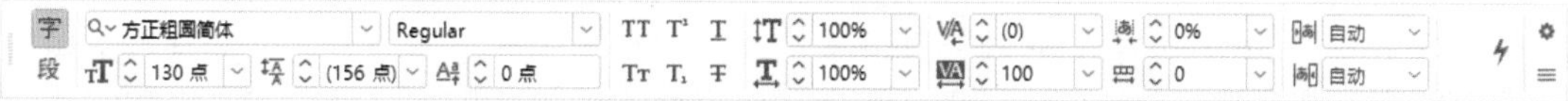

图 5-65

1. 行距

行距是指行与行之间的距离，在 InDesign 2020 中可以使用【字符】面板或控制栏对其进行设置。

如果想使设置的行距对整个段落起作用，可以在菜单栏中选择【编辑】|【首选项】|【文字】命令，如图 5-66 所示。弹出【首选项】对话框，在左侧的列表中选择【文字】选项卡，然后在右侧的【文字选项】选项组中勾选【对整个段落应用行距】复选框，如图 5-67 所示。设置完成后单击【确定】按钮，即可使设置的行距对整个段落起作用。

图 5-66

图 5-67

2. 对齐

将控制栏切换到段落格式控制选项或是使用【段落】面板，然后使用其对齐按钮，可以控制一个段落的对齐方式。

打开"素材\Cha05\007.indd"，在工具箱中单击【文字工具】按钮 T，在需要设置的文本段落中单击或拖动鼠标选择多个需要设置的文本段落，如图 5-68 所示。

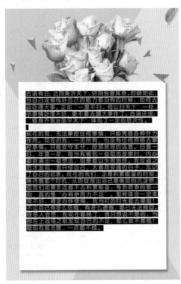

图 5-68

◎ 【左对齐】按钮：单击该按钮，可以使文本向左页面边框对齐。在左对齐段

落中，右页边框是不整齐的，因为每行右端剩余空间都是不一样的，所以产生右边框参差不齐的边缘，效果如图 5-69 所示。

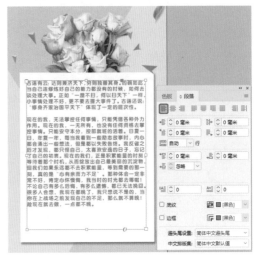

图 5-69

◎ 【居中对齐】按钮：单击该按钮，可以使文本居中对齐，每行剩余的空间被分成两半，分别置于行的两端。在居中对齐的段落中，段落的左边缘和右边缘都不整齐，但文本相对于垂直轴是平衡的，效果如图 5-70 所示。

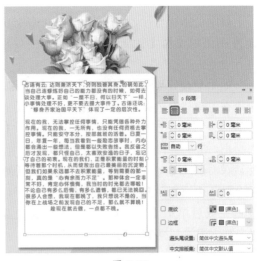

图 5-70

◎ 【右对齐】按钮：单击该按钮，可以使文本向右页面边框对齐。在右对齐段落

中，左页边框是不整齐的，因为每行左端剩余空间都是不一样的，所以产生左边框参差不齐的边缘，效果如图 5-71 所示。

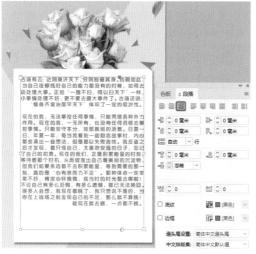

图 5-71

◎ 【双齐末行齐左】按钮≡：在双齐文本中，每一行的左右两端都充满页边框。单击该按钮，可以使段落中的文本两端对齐，最后一行左对齐，效果如图 5-72 所示。

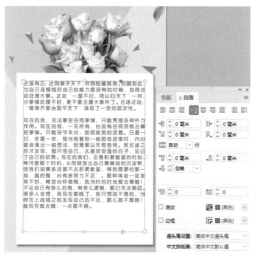

图 5-72

◎ 【双齐末行居中】按钮≡：单击该按钮，可以使段落中的文本两端对齐，最后一行居中对齐，效果如图 5-73 所示。
◎ 【双齐末行齐右】按钮≡：单击该按钮，可以使段落中的文本两端对齐，最后一行居右对齐，效果如图 5-74 所示。

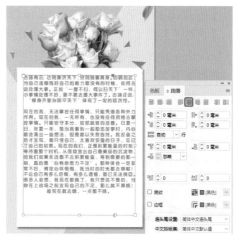

图 5-73

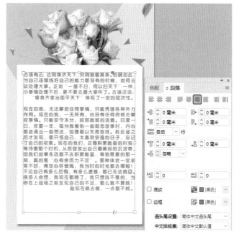

图 5-74

◎ 【全部强制双齐】按钮≡：单击该按钮，可以使段落中的文本强制所有行两端对齐，效果如图 5-75 所示。

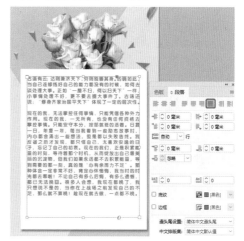

图 5-75

◎ 【朝向书脊对齐】按钮▤：该按钮与【左对齐】或【右对齐】按钮功能相似，InDesign 2020 将根据书脊在对页文档中的位置选择左对齐或右对齐。一般该对齐按钮会自动在左边页面上创建右对齐文本，在右边页面上创建左对齐文本。该素材文档的页面为右边页面，因此效果如图 5-76 所示。

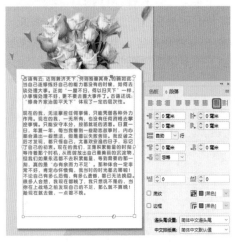

图 5-76

◎ 【背向书脊对齐】按钮▤：单击该按钮与单击【朝向书脊对齐】按钮▤作用相同，但对齐的方向相反。一般在左边页面上的文本左对齐，在右边页面上的文本右对齐。该素材文档的页面为右边页面，因此效果如图 5-77 所示。

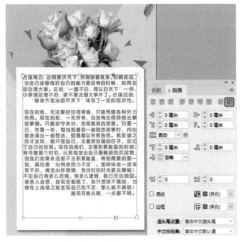

图 5-77

3. 缩进

在【段落】面板的缩进选项中可以设置段落的缩进。

◎ 【左缩进】：在该文本框中输入数值，可以设置选择的段落左边缘与左边框之间的距离。如果在【段落】面板的【左缩进】文本框中输入 50 毫米，如图 5-78 所示，则选择的段落文本效果如图 5-79 所示。

图 5-78

图 5-79

◎ 【右缩进】：在该文本框中输入数值，可以设置选择的段落右边缘与右边框之间的距离。如果在【段落】面板的【右缩进】文本框中输入 50 毫米，则选择的段落文本效果如图 5-80 所示。

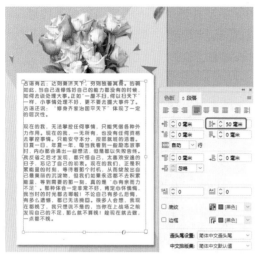

图 5-80

◎ 【首行左缩进】：在该文本框中输入数值，可以设置选择的段落首行左边缘与左边框之间的距离，如果在【段落】面板的【首行左缩进】文本框中输入 50 毫米，如图 5-81 所示，则选择的段落文本效果如图 5-82 所示。

图 5-81

◎ 【末行右缩进】：在该文本框中输入数值，可以设置选择的段落末行右边缘与右边框之间的距离。如果在【段落】面板的【末行右缩进】文本框中输入 500 毫米，则选择的段落文本效果如图 5-83 所示。

图 5-82

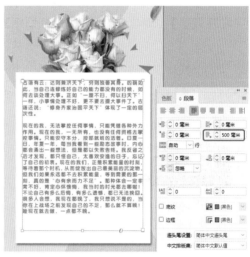

图 5-83

提示：在控制栏中也可以对段落进行缩进设置。

■ 5.3.2 增加段落间距

在 InDesign 2020 中可以在选定的段落的前面或后面增加间距。

如果需要在选定的段落的前面增加间距，可以在【段落】面板或控制栏的【段前间距】文本框中输入一个数值，例如输入 200 毫米，

Adobe InDesign CC
版式设计与制作案例实战

如图5-84所示，即可看到设置段前间距的效果如图5-85所示。

图 5-84　　　　图 5-85

如果需要在选定的段落的后面增加间距，可以在【段落】面板或控制栏的【段后间距】文本框中输入一个数值，例如输入100毫米，即可看到设置段后间距的效果如图5-86所示。

图 5-86

5.3.3　设置首字下沉

在装饰文章的第一章中通常会使用首字下沉样式，这样可以避免文本的平淡、乏味，使段落更具吸引力。在【段落】面板或控制栏中可以设置首字下沉的数量及行数。

在工具箱中单击【文字工具】按钮，在需要设置首字下沉的段落中的任意位置单击，如图5-87所示。

图 5-87

在【段落】面板或控制栏的【首字下沉行数】文本框中输入数值，例如输入3，如图5-88所示。设置首字下沉的效果如图5-89所示。

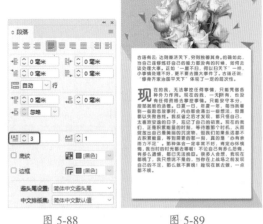

图 5-88　　　　图 5-89

也可以在【首字下沉一个或多个字符】文本框中输入要设置首字下沉的字符个数，例如输入5，如图5-90所示，即可下沉5个字符，效果如图5-91所示。

图 5-90　　　　　　图 5-91

图 5-93

■ 5.3.4　添加项目符号和编号

在 InDesign 2020 中可以使用项目符号和编号作为一个段落级格式。

单击【段落】面板右上角的 ≡ 按钮，在弹出的下拉菜单中选择【项目符号和编号】命令，如图 5-92 所示。弹出【项目符号和编号】对话框，在【列表类型】下拉列表中选择需要设置的列表类型，如图 5-93 所示。

图 5-92

1. 项目符号

在【项目符号和编号】对话框的【列表类型】下拉列表中选择【项目符号】选项，即可对项目符号的相关选项进行设置。下面介绍为段落文本添加项目符号的方法，具体的操作步骤如下。

01 打开"素材\Cha05\008.indd"。在工具箱中单击【文字工具】按钮 T，选择需要添加项目符号的段落，如图 5-94 所示。

图 5-94

02 打开【项目符号和编号】对话框，在【列表类型】下拉列表中选择【项目符号】选项，

可以在【项目符号字符】列表框中单击选择
一种项目符号，也可以单击其右侧的【添加】
按钮，如图 5-95 所示。

图 5-95

03 弹出【添加项目符号】对话框，在该对
话框的列表框中单击选择一种项目符号，然
后单击【确定】按钮，如图 5-96 所示。

图 5-96

04 返回到【项目符号和编号】对话框中，再
次在【项目符号字符】列表框中单击选择刚
才添加的项目符号。在【项目符号或编号位置】
选项组的【首行缩进】文本框中输入 8 毫米，
在【制表符位置】文本框中输入 14 毫米，如
图 5-97 所示。

05 单击【确定】按钮，即可为选择的段落
添加项目符号，效果如图 5-98 所示。

图 5-97

图 5-98

2. 编号

在【项目符号和编号】对话框的【列表
类型】下拉列表中选择【编号】选项，即可
对编号的相关选项进行设置。下面介绍为段
落文本添加编号的方法，具体的操作步骤如
下。

01 打开"素材 \Cha05\008.indd"，单击工具
箱中的【选择工具】按钮 ▶，在文档中选择
文本框，如图 5-99 所示。

图 5-99

02 打开【项目符号和编号】对话框，在【列表类型】下拉列表中选择【编号】选项，在【编号样式】选项组的【格式】下拉列表中选择一种编号样式，在【项目符号或编号位置】选项组的【首行缩进】文本框中输入 9 毫米，在【制表符位置】文本框中输入 16 毫米，如图 5-100 所示。

图 5-100

03 单击【确定】按钮，即可为选择的文本框中的所有段落添加编号，效果如图 5-101 所示。

图 5-101

5.4 段落文本的设置

本节介绍如何对段落文本进行设置，其中包括文本颜色、反白文字、下划线和删除线的设置，以及段落样式和字符样式的设置。

5.4.1 美化文本段落

为了使排版内容能引人注目，通常我们会对文本段落进行美化设计，如对文本颜色、反白文字的设置，和为文字添加下划线、删除线等，都会有意想不到的效果。

1. 设置文本颜色

通常为了方便阅读和排版更加美观，会为标题或引用设置不同的颜色，但是在正文中很少为文本设置颜色。为文本设置颜色的操作步骤如下。

> 提示：应用于文本的颜色通常源于相关图形中的颜色，或者来自一个出版物传统的调色板。一般文字越小，文字的颜色应该越深，这样可以使文本更易阅读。

01 打开 "素材 \Cha05\009.indd"，在工具箱中单击【选择工具】按钮 ▶，选择如图 5-102 所示的文本。

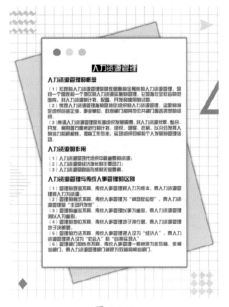

图 5-102

02 在菜单栏中选择【窗口】|【颜色】|【色板】命令，打开【色板】面板，在【色板】面板中单击选择一种颜色，如图 5-103 所示。

图 5-103

03 在【色板】面板中单击【描边】图标，然后单击一种颜色，将其应用到文本的描边，如图 5-104 所示。

04 在菜单栏中选择【窗口】|【描边】命令，打开【描边】面板，在【描边】面板的【粗细】下拉列表中设置描边的粗细，如图 5-105 所示。

图 5-104

图 5-105

05 为文本设置颜色后的效果如图 5-106 所示。

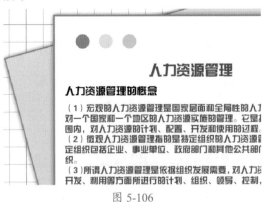

图 5-106

2. 设置反白文字

所谓反白文字并不一定就是黑底白字，也可以是深色底浅色字。反白文字一般用较大的字号和粗体字样效果最好，因为这样可以引起读者注意，也不会使文本被背景吞没。

设置反白文字效果的操作步骤如下。

01 打开"素材 \Cha05\009.indd"，单击工具箱中的【文字工具】按钮 T ，然后在文本框架中拖动鼠标选择文字，如图 5-107 所示。

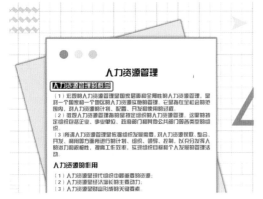

图 5-107

02 双击工具箱中的【填色】图标，弹出【拾色器】对话框，将 RGB 值设置为 255、255、255，如图 5-108 所示。

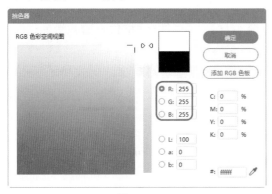

图 5-108

03 单击【确定】按钮，然后将光标移至刚刚设置颜色的文字后，在菜单栏中选择【窗口】|【文字和表】|【段落】命令，打开【段落】面板，单击【段落】面板右上角的 ≡ 按钮，在弹出的下拉菜单中选择【段落线】命令，如图 5-109 所示。

04 弹出【段落线】对话框，在该对话框左上角的下拉列表中选择【段后线】选项，勾选【启用段落线】复选框，将【粗细】设置为 140 点，在【颜色】下拉列表中选择粉红色，然后设置【位移】为 -43 毫米，如图 5-110 所示。

图 5-109

图 5-110

05 单击【确定】按钮，完成反白文字效果的制作，如图 5-111 所示。

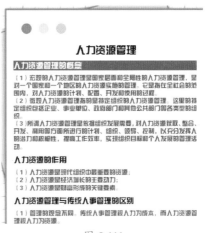

图 5-111

06 使用同样的制作方法可以为文档中的其他文字制作反白效果，如图 5-112 所示。

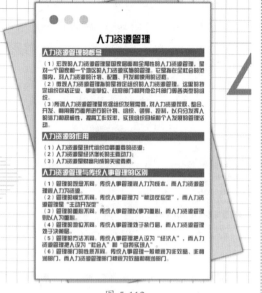

图 5-112

3. 设置下划线和删除线

在【字符】面板和控制栏中都提供了【下划线选项】和【删除线选项】命令，用来自定义设置下划线和删除线。为文字添加下划线和删除线的操作方法如下。

`01` 继续上面的操作，单击工具箱中的【文字工具】按钮 `T`，拖动鼠标选择需要添加下划线的文字，如图 5-113 所示。

![图5-113]

图 5-113

`02` 在菜单栏中选择【窗口】|【文字和表】|【字

符】命令，弹出【字符】面板，单击【字符】面板右上角的 ≡ 按钮，在弹出的下拉菜单中选择【下划线选项】命令，如图 5-114 所示。

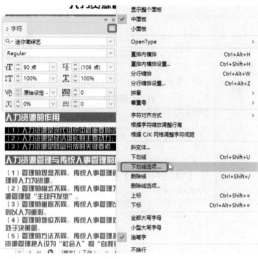

图 5-114

`03` 弹出【下划线选项】对话框，勾选【启用下划线】复选框，然后将【粗细】设置为4点，将【位移】设置为3点，将【颜色】设置为红色，如图 5-115 所示。

图 5-115

`04` 设置完成后单击【确定】按钮，为文字添加下划线的效果如图 5-116 所示。

`05` 单击工具箱中的【文字工具】按钮 `T`，然后拖动鼠标选择需要添加删除线的文字，如图 5-117 所示。

`06` 单击【字符】面板右上角的 ≡ 按钮，在弹出的下拉菜单中选择【删除线选项】命令，弹出【删除线选项】对话框,勾选【启用删除线】复选框，然后将【粗细】设置为10点，将【位移】设置为30点，将颜色设置为如图 5-118 所示的颜色。

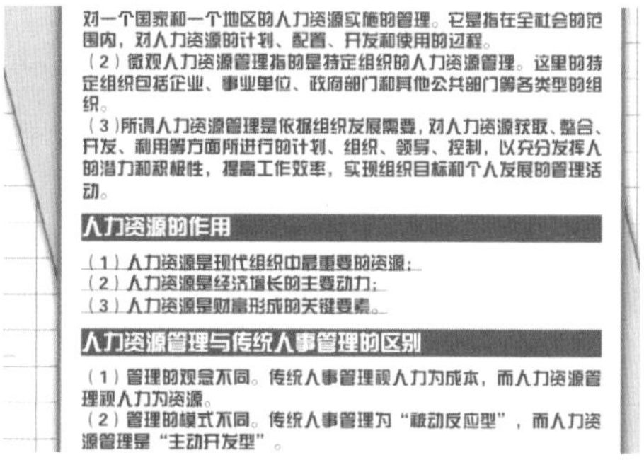
对一个国家和一个地区的人力资源实施的管理。它是指在全社会的范围内，对人力资源的计划、配置、开发和使用的过程。
（2）微观人力资源管理指的是特定组织的人力资源管理。这里的特定组织包括企业、事业单位、政府部门和其他公共部门等各类型的组织。
（3）所谓人力资源管理是依据组织发展需要，对人力资源获取、整合、开发、利用等方面所进行的计划、组织、领导、控制，以充分发挥人的潜力和积极性，提高工作效率，实现组织目标和个人发展的管理活动。
人力资源的作用
（1）人力资源是现代组织中最重要的资源；
（2）人力资源是经济增长的主要动力；
（3）人力资源是财富形成的关键要素。
人力资源管理与传统人事管理的区别
（1）管理的观念不同。传统人事管理视人力为成本，而人力资源管理视人力为资源。
（2）管理的模式不同。传统人事管理为“被动反应型”，而人力资源管理是“主动开发型”。

图 5-116

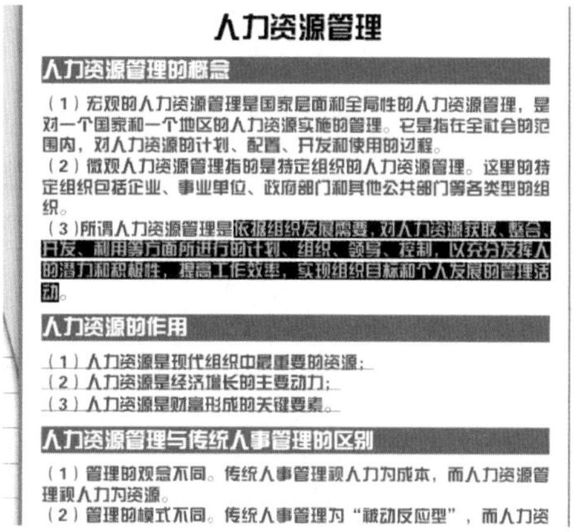
人力资源管理
人力资源管理的概念
（1）宏观的人力资源管理是国家层面和全局性的人力资源管理，是对一个国家和一个地区的人力资源实施的管理。它是指在全社会的范围内，对人力资源的计划、配置、开发和使用的过程。
（2）微观人力资源管理指的是特定组织的人力资源管理。这里的特定组织包括企业、事业单位、政府部门和其他公共部门等各类型的组织。
（3）所谓人力资源管理是依据组织发展需要，对人力资源获取、整合、开发、利用等方面所进行的计划、组织、领导、控制，以充分发挥人的潜力和积极性，提高工作效率，实现组织目标和个人发展的管理活动。
人力资源的作用
（1）人力资源是现代组织中最重要的资源；
（2）人力资源是经济增长的主要动力；
（3）人力资源是财富形成的关键要素。
人力资源管理与传统人事管理的区别
（1）管理的观念不同。传统人事管理视人力为成本，而人力资源管理视人力为资源。
（2）管理的模式不同。传统人事管理为“被动反应型”，而人力资

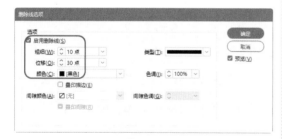

图 5-117

图 5-118

07 设置完成后单击【确定】按钮，为文字添加删除线的效果如图 5-119 所示。

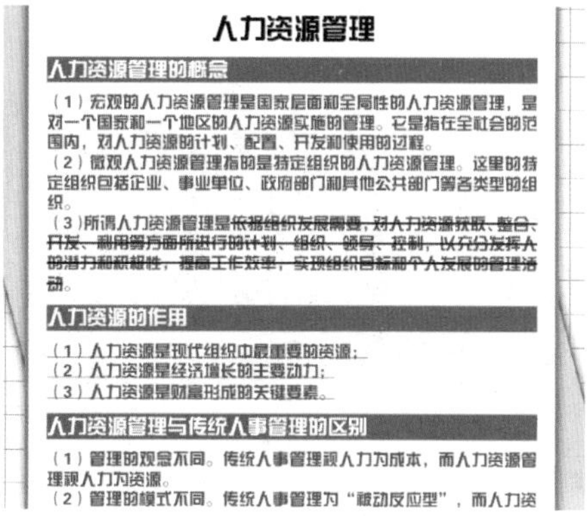
人力资源管理
人力资源管理的概念
（1）宏观的人力资源管理是国家层面和全局性的人力资源管理，是对一个国家和一个地区的人力资源实施的管理。它是指在全社会的范围内，对人力资源的计划、配置、开发和使用的过程。
（2）微观人力资源管理指的是特定组织的人力资源管理。这里的特定组织包括企业、事业单位、政府部门和其他公共部门等各类型的组织。
（3）所谓人力资源管理是依据组织发展需要，对人力资源获取、整合、开发、利用等方面所进行的计划、组织、领导、控制，以充分发挥人的潜力和积极性，提高工作效率，实现组织目标和个人发展的管理活动。
人力资源的作用
（1）人力资源是现代组织中最重要的资源；
（2）人力资源是经济增长的主要动力；
（3）人力资源是财富形成的关键要素。
人力资源管理与传统人事管理的区别
（1）管理的观念不同。传统人事管理视人力为成本，而人力资源管理视人力为资源。
（2）管理的模式不同。传统人事管理为“被动反应型”，而人力资

图 5-119

【实战】缩放文本

在 InDesign 2020 中可以同时调整文本框架及文本的大小，效果如图 5-120 所示。

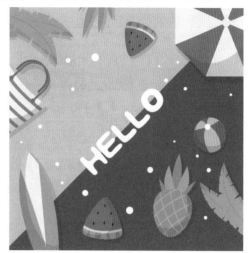

图 5-120

素材	素材 \Cha05\ 文本素材 1.indd
场景	场景 \Cha05\【实战】缩放文本 .indd
视频	视频教学 \Cha05\【实战】缩放文本 .mp4

01 打开“素材 \Cha05\ 文本素材 1.indd”，然后单击工具箱中的【选择工具】按钮，选中需要进行调整的文本框架，如图 5-121 所示。

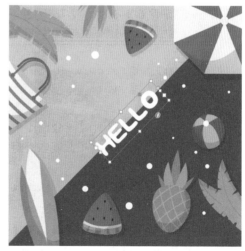

图 5-121

02 在按住 Ctrl+Shift 组合键的同时，单击

并向任意方向拖动该框架边缘或手柄，即可对文本框架和文本同时进行缩放，效果如图 5-122 所示。

图 5-122

提示：使用【缩放工具】🔲 也可以同时对文本框架及文本进行调整。

【实战】旋转文本

下面介绍旋转文本的方法，旋转文本后的效果如图 5-123 所示。

图 5-123

素材	素材 \Cha05\ 文本素材 2.indd
场景	场景 \Cha05\【实战】旋转文本 .indd
视频	视频教学 \Cha05\【实战】旋转文本 .mp4

01 打开"素材 \Cha05\ 文本素材 2.indd"，单击工具箱中的【选择工具】按钮，在文档中选择需要进行旋转操作的文本框架，如图 5-124 所示。

图 5-124

02 将鼠标指针移至文本框架的任意一个角上，当鼠标指针变成 ↔ 样式后，单击并向任意方向拖动鼠标即可旋转文本，适当调整文本的位置，效果如图 5-125 所示。

图 5-125

提示：使用【旋转工具】◯也可以旋转文本。

提示：InDesign 2020 中的所有样式（如对象样式、表样式和单元格样式）与字符样式的使用方法基本相同。

5.4.2 设置样式

本节讲解段落样式与字符样式的应用方法。

1. 段落样式

为段落设置样式可以确保 InDesign 2020 文档保持一致性。段落样式除了包含段落本身的属性外，还包含所有的文本格式属性。

在菜单栏中选择【窗口】|【样式】|【段落样式】命令，打开【段落样式】面板，如图 5-126 所示。单击【段落样式】面板右上角的 ≡ 按钮，在弹出的下拉菜单中可以执行相关的段落样式命令，如图 5-127 所示。

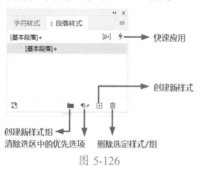

图 5-126

图 5-127

单击【段落样式】面板右上角的 ≡ 按钮后，在弹出的下拉菜单中选择【新建段落样式】命令，弹出【新建段落样式】对话框，如图 5-128 所示。该对话框左侧为选项列表框，右侧为列表选项的相关参数。默认情况下选择的是【常规】选项，右侧显示的是【常规】选项的相关设置。以下是这些选项功能的介绍。

图 5-128

◎ 【样式名称】：在该文本框中可以设置新建段落样式的名称。

◎ 【基于】：该选项可以设置样式所基于的样式。

◎ 【下一样式】：设置该选项可以在输入的第二个段落中应用该选项中的样式，前提是【段落样式】面板中至少包含一个段落样式。

◎ 【快捷键】：可以在文本框中定义快捷键，但需要将 Num Lock 键打开，然后按住 Shift 键、Alt 键和 Ctrl 键的任意组合键，并按数字小键盘上的数字。不能使用字母或非小键盘数字定义样式快捷键。

◎ 【将样式应用于选区】：勾选该复选框，可以将新样式直接应用于选中的文本。

设置完成后，单击【确定】按钮，即可创建段落样式。

2. 字符样式

字符样式是通过一个步骤就可以应用于文本的一系列字符格式属性的集合。使用【字符样式】面板可以创建、命名字符样式，并将其应用于段落内的文本，可以对不同的文本重复应用该样式。在【字符样式】面板中创建的字符样式只针对当前文档，不影响其他文档。执行【文字】|【字符样式】命令，打开【字符样式】面板，如图 5-129 所示。单击【字符样式】面板右上角的 ≡ 按钮，在弹出的下拉菜单中选择【新建字符样式】命令，弹出【新建字符样式】对话框，如图 5-130 所示。该对话框左侧为选项列表框，右侧为列表框选项的相关参数。

图 5-129

图 5-130

左侧列表框中包括 16 个选项，在默认情况下选择的是【常规】选项，右侧显示的是【常规】选项的相关设置。以下是这些选项功能的介绍。

◎ 【样式名称】：在文本框中可以设置字符样式的名称，默认情况下为"字符样式 1"，在文本框中输入内容即可更改样式名称。

◎ 【基于】：用来作为新样式的基础样式，也就是说，新建样式可以基于已有的样式创建。如果要创建一个新样式，最好保留该设置为默认值。

◎ 【快捷键】：用来设置应用该样式的快捷键，设置方法是在文本框中单击，然后按住 Ctrl 键并按下数字键即可。

◎ 【样式设置】：显示设置的字符属性，单击右侧的【重置为基准样式】按钮可以清除设置的字符属性。

左侧列表框中的其他选项是用来设置字符属性的。图 5-131 所示为设置了字符样式的快捷键。单击【确定】按钮，即可完成创建字符样式，如图 5-132 所示。

图 5-131

图 5-132

提示：单击【字符样式】面板底部的【创建新样式】按钮，可以直接创建一个名为"字符样式1"的空字符样式。

如果希望在现有文本格式的基础上创建一种新的样式，可以选择该文本或者将插入点放在该文本中，单击【字符】面板右上角的 ≡ 按钮，在弹出的下拉菜单中选择【新建字符样式】命令即可，字符属性为选中文本属性的字符样式，如图 5-133 所示。

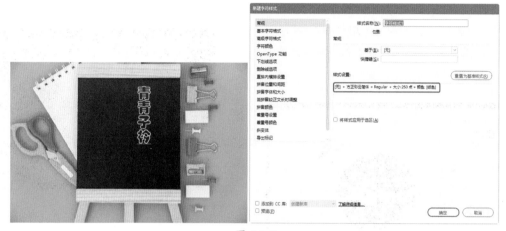

图 5-133

提示：当选中具有字符属性的文本后，无论是单击【创建新样式】按钮，还是选择关联菜单中的【创建字符样式】命令，均可以创建具有字符属性的样式。

要想基于面板中的某个字符样式选项创建新字符样式，还可以选中该字符样式，然后执行关联菜单中的【直接复制样式】命令，通过该命令得到的新字符样式不具备源样式中的快捷键，如图 5-134 所示。

字符样式创建完成后，就可以在页面中重复应用该样式。方法是：使用【文字工具】 T，选中文本，在【字符样式】面板中选择字符样式，这时页面中的文本发生变化，如图 5-135 所示。

图 5-134

图 5-135

课后项目
练习

几何杂志版面

杂志形成于罢工、罢课或战争中的宣传小册子，这种类似于报纸，注重时效的手册，兼顾了更加详尽的评论。下面讲解如何制作几何图形版面的杂志，效果如图 5-136 所示。

课后项目练习效果展示

图 5-136

课后项目练习过程概要

（1）使用【矩形工具】【钢笔工具】【椭圆工具】为页面添加素材效果。

（2）美化绘制的图形，然后导入素材文件并填充文字，最终制作出几何杂志版面效果。

素材	素材 \Cha05\ 杂志素材 01.jpg、杂志素材 02.jpg、杂志素材 03.jpg、杂志素材 04.jpg
场景	场景 \Cha05\ 几何杂志版面 .indd
视频	视频教学\Cha05\几何杂志版面 .mp4

01 新建一个【宽度】【高度】分别为 297 毫米、210 毫米的文件，并将边距均设置为 20 毫米，单击【确定】按钮。单击工具箱中的【矩形工具】按钮 ▣，在页面中绘制一个与页面等大的矩形，在控制栏中将填色设置为黑色，将描边设置为无，如图 5-137 所示。

图 5-137

02 使用同样的方法绘制一个图形，将填色设置为白色，将描边设置为无，将图形的 W、H 分别设置为 285 毫米、197 毫米，调整图形的位置，如图 5-138 所示。

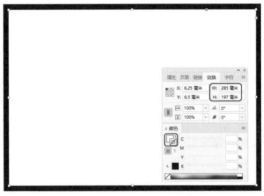

图 5-138

03 在工具箱中单击【钢笔工具】按钮 ✎，绘制一个图形，将填色的 RGB 值设置为 171、41、43，将描边设置为无，如图 5-139 所示。

04 使用同样的方法绘制其他路径图形，并设置图形的颜色与位置，如图 5-140 所示。

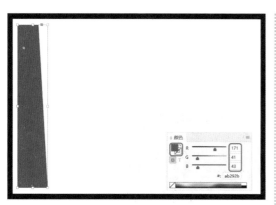

图 5-139

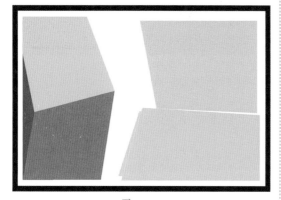

图 5-140

05 在工具箱中单击【钢笔工具】按钮 ✐，绘制一个图形，在菜单栏中选择【文件】|【置入】命令，弹出【置入】对话框，选择"素材\Cha05\杂志素材 01.jpg"，单击【打开】按钮，即可将选择的图片置入图形中，然后双击图片将其选中，在按住 Shift 键的同时拖动图片调整其大小，并调整其位置，如图 5-141 所示。

图 5-141

06 使用同样的方法绘制图形并置入"杂志素材 02.jpg""杂志素材 03.jpg""杂志素材 04.jpg"素材文件，调整素材大小与位置，如图 5-142 所示。

图 5-142

07 在工具箱中单击【文字工具】按钮，按住鼠标左键拖曳出一个文本框，在文本框中输入文字，将【旋转角度】设置为 14°，将【字体】设置为 Arial，将【字体样式】设置为 Black，将【字体大小】设置为 17 点，将【颜色】设置为白色，单击【段落】面板中的【双齐末行齐左】按钮 ☰，如图 5-143 所示。

图 5-143

08 使用同样的方法输入其他文字，效果如图 5-144 所示。

09 单击工具箱中的【椭圆工具】按钮 ◯，绘制圆形，将填色设置为黑色，描边设置为无，将 W、H 均设置为 90 毫米，然后使用【文字工具】在黑色图形上输入文字，将【字体】设置为 Arial，将【字体样式】设置为 Bold，

将【字体大小】设置为 24 点, 将填充颜色的
CMYK 值设置为 37%、100%、100%、3%,
如图 5-145 所示。

图 5-144

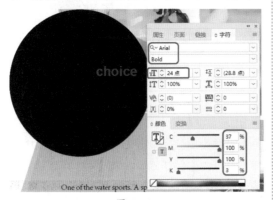

图 5-145

10 使用【文字工具】输入文字, 将【字体】
设置为 Arial, 将【字体样式】设置为 Black,
将【字体大小】设置为 40 点, 将填色设置为
白色, 如图 5-146 所示。

图 5-146

第 6 章
简约台历设计——设置制表符和表

　　表是每个平面设计中常用的元素。表是由成行或成列的单元格组成的，单元格中可以添加文本、图像或其他表，而制表符可以更好地帮助用户将 InDesign 2020 中的表中内容对齐。本章讲解如何设置制表符和表。

案例精讲
简约台历设计

为了更好地完成本设计案例，现对制作要求及设计内容做如下规划，效果如图 6-1 所示。

作品名称	简约台历设计
作品尺寸	216 毫米 ×288 毫米
设计创意	（1）置入素材使台历变得美观。 （2）通过【矩形工具】【制表符】【色板】使日期更加明了。 （3）制作其他部分完善台历。
主要元素	（1）台历素材； （2）日期。
应用软件	InDesign 2020
素材	素材 \Cha06\ 台历素材 .jpg
场景	场景 \Cha06\【案例精讲】简约台历设计 .indd
视频	视频教学 \Cha06\【案例精讲】简约台历设计 .mp4
简约台历 效果欣赏	 图 6-1
备注	

01 按 Ctrl+N 组合键，在弹出的对话框中将【宽度】【高度】分别设置为 216 毫米、288 毫米，将【页面】设置为1，单击【边距和分栏】按钮，在弹出的对话框中将【上】【下】【左】【右】均设置为 0 毫米，单击【确定】按钮，按 Ctrl+D 组合键，在弹出的对话框中选择"素材 \Cha06\ 台历素材 .jpg"，单击【打开】按钮，在文档窗口中单击鼠标，将选中的素材文件置入文档中，并调整其位置与大小，如图 6-2 所示。

图 6-2

02 在工具箱中单击【矩形工具】按钮 □，在文档窗口中绘制一个矩形，在【颜色】面板中将【填色】的 RGB 值设置为 251、251、251，将【描边】设置为无，在【变换】面板中将 W、H 分别设置为 216 毫米、144 毫米，按 Ctrl+[组合键，将其向后移一层并调整其位置，效果如图 6-3 所示。

图 6-3

03 取消对矩形的选择，按 F5 键打开【色板】面板，在【色板】面板中单击 ≡ 按钮，在弹出的下拉列表中选择【新建颜色色板】命令，如图 6-4 所示。

04 在弹出的对话框中将【颜色模式】设置为 RGB，将【红色】【绿色】【蓝色】分别设置为 0、176、88，如图 6-5 所示。

图 6-4

图 6-5

05 单击【确定】按钮，使用同样的方法再在【色板】面板中新建【红色】【绿色】【蓝色】分别为 181、181、182 的色板，如图 6-6 所示。

06 在工具箱中单击【文字工具】按钮 T，在文档窗口中绘制一个文本框，输入文字，选中输入的文字，在【字符】面板中将【字体】设置为【微软雅黑】，【字体样式】设置为 Regular，将【字体大小】设置为 14 点，在【变换】面板中将 W、H 分别设置为 161 毫米、10 毫米，如图 6-7 所示。

图 6-6

图 6-7

07 在工具箱中单击【选择工具】按钮，在文档窗口中选择绘制的文本框，在菜单栏中选择【文字】|【制表符】命令，在弹出的【制表符】面板中单击【将面板放在文本框架上】按钮，分别在【制表符】面板中 23、46、69、92、115、138 的位置处添加左对齐制表符，并将文字分别与制表符对齐，效果如图 6-8 所示。

图 6-8

提示：在此输入文字时，每组数字之间按 Tab 键进行分隔。

08 关闭【制表符】面板，使用【文字工具】将文本选中，在菜单栏中选择【表】|【将文本转换为表】命令，如图 6-9 所示。

图 6-9

09 在弹出的对话框中将【列分隔符】设置为【制表符】，其他使用默认设置即可，如图 6-10 所示。

图 6-10

10 单击【确定】按钮，即可将选中的文字转换为表格。在文档窗口中将光标移至表格底部的边框上，按住鼠标向下拖动，调整表格的高度，选中所有的表格，在控制栏中单击【居中对齐】按钮，然后单击表格组中的【居中对齐】，如图 6-11 所示。

11 在文档窗口中选择第二至六列的单元格，在【色板】面板中单击【R=181 G=181 B=182】色板，如图 6-12 所示。

12 将第一列与最后一列单元格填充颜色的RGB 值设置为 R=0、G=176、B=88，如图 6-13 所示。

图 6-11

图 6-12

图 6-13

13 在文档窗口中选中所有单元格，在【色板】面板中单击【格式针对文本】按钮 T，将【填色】设置为【纸色】，如图 6-14 所示。

14 继续选中表格，单击鼠标右键，在弹出的快捷菜单中选择【表选项】|【表设置】命令，如图 6-15 所示。

图 6-14

图 6-15

15 在弹出的【表选项】对话框中选择【表设置】选项卡，将【表外框】选项组中的【粗细】设置为 0 点，如图 6-16 所示。

图 6-16

16 选择【列线】选项卡，将【交替模式】

设置为【自定列】，在【交替】选项组中将【颜色】均设置为【纸色】，如图 6-17 所示。

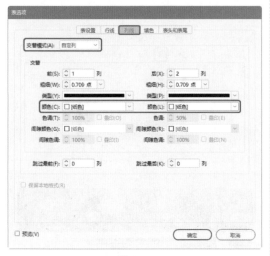

图 6-17

17 单击【确定】按钮，在工具箱中单击【文字工具】按钮，在文档窗口中绘制一个文本框，输入文字，选中输入的文字，在【字符】面板中将【字体】设置为【微软雅黑】，【字体样式】设置为 Regular，将【字体大小】设置为 14 点，在【变换】面板中将 W、H 分别设置为 161 毫米、116 毫米，并将文字设置相应的颜色，效果如图 6-18 所示。

图 6-18

18 选中输入的文本，在菜单栏中选择【表】|【将文本转换为表】命令，在弹出的对话框中将【列分隔符】设置为【制表符】，单击【确定】按钮，在文档窗口中调整表格的高度，并选中表格，单击鼠标右键，在弹出的快捷菜单中选择【均匀分布行】命令，如图 6-19 所示。

图 6-19

19 继续选中插入的表格，单击鼠标右键，在弹出的快捷菜单中选择【表选项】|【表设置】命令，如图 6-20 所示。

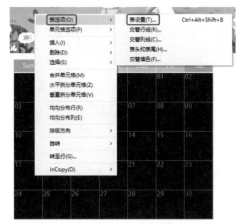

图 6-20

20 在弹出的对话框中选择【表设置】选项卡，在【表外框】选项组中将【粗细】设置为 0.5 点，将【颜色】设置为 R=181、G=181、B=182，如图 6-21 所示。

21 在【表选项】对话框中选择【行线】选项卡，将【交替模式】设置为【自定行】，将【粗细】均设置为 0.5 点，将【颜色】均设为 R=181、G=181、B=182，如图 6-22 所示。

22 在该对话框中选择【列线】选项卡，将【交替模式】设置为【自定列】，将【粗细】均设置为 0.5 点，将【颜色】均设置为 R=181、G=181、B=182，如图 6-23 所示。

图 6-21

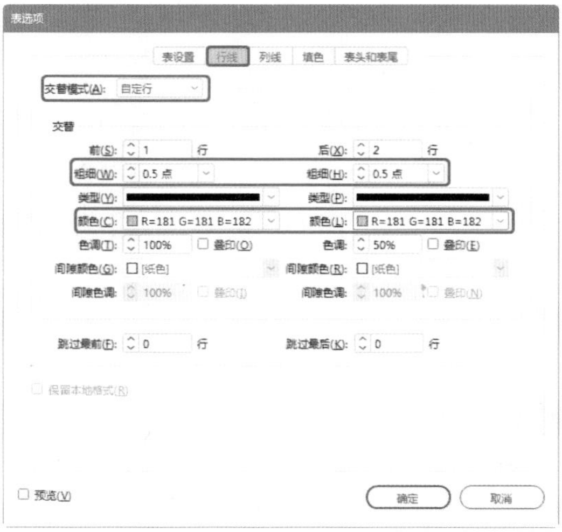

图 6-22

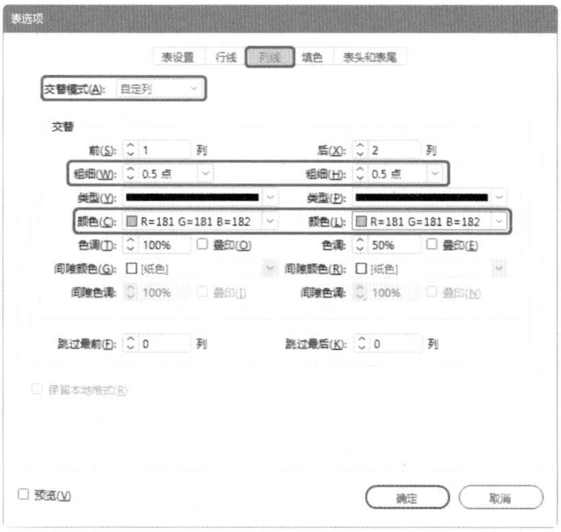

图 6-23

23 单击【确定】按钮，继续选中该表格，单击鼠标右键，在弹出的快捷菜单中选择【单元格选项】|【文本】命令，在弹出的【单元格选项】对话框中将【单元格内边距】选项组中的【上】【下】【左】【右】均设置为 2 毫米，如图 6-24 所示。

图 6-24

24 单击【确定】按钮，根据前面所介绍的方法创建其他表格，并进行相应的设置，效果如图 6-25 所示。

图 6-25

25 在工具箱中单击【矩形工具】按钮 ▫ ，在文档窗口中绘制一个矩形，选中绘制的矩形，在【色板】面板中选择颜色为【R=0、G=176、B=88】的色板，将【描边】设置为无，在【变换】面板中将 W、H 分别设置为 37 毫米、126 毫米，将 X、Y 分别设置为 173.5 毫米、153 毫米，如图 6-26 所示。

图 6-26

26 在工具箱中单击【文字工具】按钮 T ，在文档窗口中绘制一个文本框，输入文字，选中输入的文字，在【字符】面板中将【字体】设置为【方正小标宋简体】，将【字体大小】设置为 30 点，在【颜色】面板中将【填色】的 RGB 值设置为 255、255、255，并调整其位置，如图 6-27 所示。

图 6-27

27 使用【文字工具】再在文档窗口中绘制一个文本框，输入文字，选中输入的文字，在【字符】面板中将【字体】设置为【方正小标宋简体】，将【字体大小】设置为 14 点，将【字符间距】设置为 400，在【颜色】面板中将【填色】的 RGB 值设置为 255、255、255，并调整其位置，如图 6-28 所示。

28 根据相同的方法在文档窗口中创建其他文字并进行设置，效果如图 6-29 所示。

图 6-28

图 6-29

6.1 制表符

制表符是指水平标尺上的位置，标尺指定了文字缩进的距离或开始的位置。可以将文本向左、向右或居中对齐，也可以将文本与小数字符或竖线字符对齐。

■ 6.1.1 【制表符】面板

用户可以通过在菜单栏中选择【文字】|【制表符】命令，打开【制表符】面板，如图 6-30 所示。

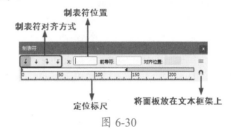

图 6-30

下面介绍【制表符】面板的使用方法。

01 在菜单栏中选择【文件】|【打开】命令，在弹出的对话框中打开"素材 \Cha06\ 制表符素材 .indd"，如图 6-31 所示。

图 6-31

02 单击工具箱中的【选择工具】按钮 ▶，然后在文档窗口中选择文本框，如图 6-32 所示。

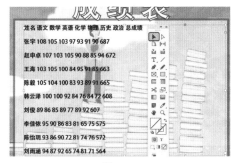

图 6-32

03 在菜单栏中选择【文字】|【制表符】命令，如图 6-33 所示。

图 6-33

04 弹出【制表符】面板，单击面板中的【将

面板放在文本框架上】按钮 ∩，即可将【制表符】面板与选中的文本框对齐，如图 6-34 所示。

图 6-34

05 在定位标尺上单击，即可添加制表符，将上方的 X 设置为 41 毫米，如图 6-35 所示。

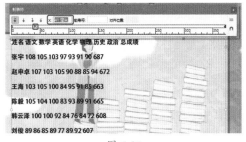

图 6-35

06 使用同样的方法继续添加 8 个制表符，如图 6-36 所示。

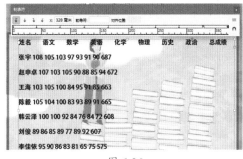

图 6-36

07 在工具箱中单击【文字工具】按钮 T，将光标置入"语文"文字的左侧，如图 6-37 所示。

08 按键盘上的 Tab 键，"语文"文字将自动向后推移，与第一个制表符对齐，效果如图 6-38 所示。

09 使用同样的方法，可以对文本框中的其他文字进行调整，如图6-39所示。调整完成后，单击【制表符】面板右上角的【关闭】按钮，将【制表符】面板关闭即可。

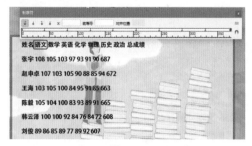

图 6-37

图 6-38

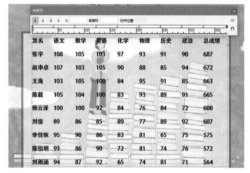

图 6-39

■ 6.1.2　设置制表符对齐方式

在 InDesign 2020 中，用户可以通过【制表符】面板 4 个设置制表符对齐方式的功能按钮来进行对齐，如图6-40所示。

◎　【左对齐制表符】按钮⤵：单击该按钮后，制表符停止点为文本的左侧，是默认的制表符对齐方式。

◎　【居中对齐制表符】按钮⤵：单击该按

钮后，制表符停止点为文本的中心，效果如图 6-41 所示。

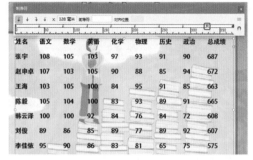

图 6-40

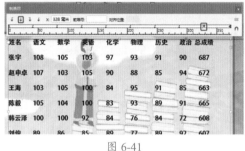

图 6-41

◎　【右对齐制表符】按钮⤵：单击该按钮后，制表符停止点为文本的右侧，效果如图 6-42 所示。

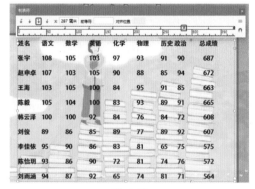

图 6-42

◎　【对齐小数位（或其他指定字符）制表符】按钮⤵：单击该按钮后，制表符停止点为文本的小数点位置。如果文本中没有小数点，InDesign 2020 会假设小数点在文本的最后面，效果如图 6-43 所示。

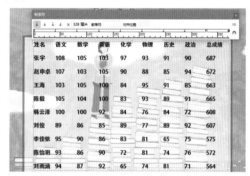

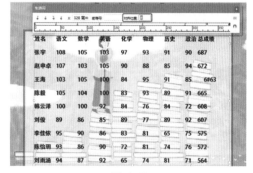

图 6-43

■ 6.1.3 【前导符】文本框

在【前导符】文本框中输入字符后，可以将输入的字符填充到每个制表符之间的空白处。在该文本框中最多可以输入 6 个字符作为填充，不可以输入特殊类型的空格，如窄空格或细空格等。

在【制表符】面板中选中一个制表符，如图 6-44 所示，然后在【前导符】文本框中输入字符，并按 Enter 键确认，即可在空白处填充输入的字符，效果如图 6-45 所示。

图 6-44

图 6-45

■ 6.1.4 【对齐位置】文本框

当在【制表符】面板中单击【对齐小数位（或其他指定字符）制表符】按钮 ↓ 后，可以在【对齐位置】文本框中设置对齐的对象，默认为"．"。

在【制表符】面板中选中一个制表符，如图 6-46 所示，并在此列数字的任意位置输入字符"#"，然后单击【对齐小数位 (或其他指定字符）制表符】按钮 ↓ ，并在【对齐位置】文本框中输入字符作为对齐的对象，例如输入"#"，之后按 Enter 键确认，该符号即可自动与制表符对齐，效果如图 6-47 所示。如果在文本中没有发现所输入的字符，将会假设该字符是每个文本对象的最后一个字符。

图 6-46

图 6-47

■ 6.1.5 通过 X 文本框移动制表符

在【制表符】面板的 X 文本框（制表符位置文本框）中可以精确地调整选中的制表符的位置。

在【制表符】面板中选中一个需要调整的制表符，如图6-48所示，然后在X文本框中输入260毫米，并按Enter键确认，即可将选中的制表符调整到指定的位置，如图6-49所示。

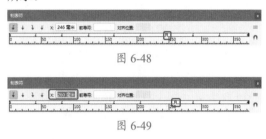

图6-48

图6-49

6.1.6 定位标尺

定位标尺中的三角形缩进块可以显示和控制选定文本的首行缩进、左缩进、右缩进，左侧是由两个三角形组成的缩进块，拖动上面的三角形可以调整首行缩进位置，下面的三角形可以调整左侧的缩进距离，右侧的三角形可以调整右侧的缩进距离，如图6-50所示。

1. 清除全部

当在下拉菜单中选择【清除全部】命令时，可以删除所有已经创建的制表符，使用制表符放置的文本全部恢复到最初的位置，清除前与清除后的效果如图6-52所示。

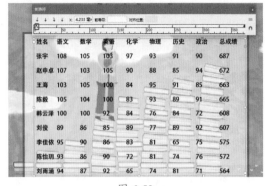

图6-50

6.1.7 【制表符】面板菜单

单击【制表符】面板右上角的 ≡ 按钮，在弹出的下拉菜单中可以选择需要应用的命令，包括【清除全部】、【删除制表符】、【重复制表符】和【重置缩进】，如图6-51所示。

图6-51

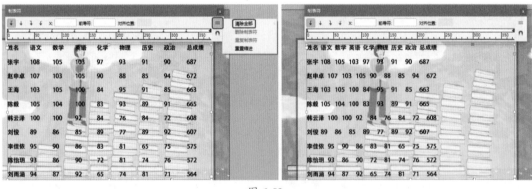

图6-52

2. 删除制表符

在InDesign 2020中，如果不想将所有的制表符清除，用户可以删除单个制表符，具体操作步骤如下。

01 在【制表符】面板中选择一个要删除的制表符，如图6-53所示。

02 单击【制表符】面板右上角的 ≡ 按钮，在弹出的下拉菜单中选择【删除制表符】命令，如图6-54所示。

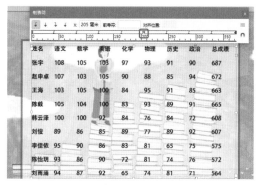

图 6-53

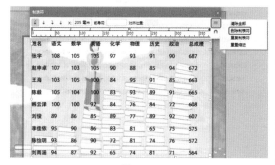

图 6-54

03 执行该命令后即可将选中的制表符删除，如图 6-55 所示。

图 6-55

3. 重复制表符

当在下拉菜单中选择【重复制表符】命令后，可以自动测量选中的制表符与左边距的距离，并将被选中的制表符之后的所有制表符全部替换成选中的制表符。

4. 重置缩进

当在上述下拉菜单中选择该命令后，可以将文本框中的缩进设置全部恢复成默认设置。

6.2 表的创建与编辑

表格是由成行和成列的单元格组成的，创建表格后可以在表格中输入文本或对其进行编辑，使表达的信息更加清晰。本节讲解表的创建与编辑方法。

■ 6.2.1 文本和表之间的转换

在 InDesign 2020 中，为了方便用户操作，可以进行文本和表之间的相互转换，本节对其进行简单的介绍。

1. 将表转换为文本

下面介绍如何将表转换为文本，具体操作步骤如下。

01 启动 InDesign 2020，按 Ctrl+O 组合键，在弹出的对话框中选择"素材 \Cha06\ 置购清单 .indd"，单击【打开】按钮，打开素材，如图 6-56 所示。

图 6-56

02 在工具箱中单击【文字工具】按钮 **T**，然后单击并拖动鼠标选择需要转换为文本的表，如图 6-57 所示。

03 在菜单栏中选择【表】|【将表转换为文本】命令，如图 6-58 所示。

04 弹出【将表转换为文本】对话框，在这里使用默认设置即可，如图 6-59 所示。

图 6-57

图 6-58

图 6-59

05 单击【确定】按钮，即可将表转换为文本，效果如图 6-60 所示。

图 6-60

2. 将文本转换为表

下面介绍如何将文本转换为表，具体操作步骤如下。

01 继续上面的操作，使用【文字工具】[T]在文档窗口中选择要转换为表的文本，如图 6-61 所示。

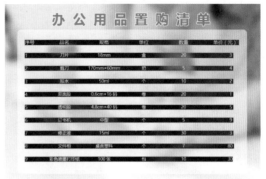

图 6-61

02 在菜单栏中选择【表】|【将文本转换为表】命令，如图 6-62 所示。

图 6-62

03 弹出【将文本转换为表】对话框，在该对话框中将【列分隔符】设置为【制表符】，将【行分隔符】设置为【段落】，如图 6-63 所示。

04 单击【确定】按钮，将文本转换为表后的效果如图 6-64 所示。

图 6-63

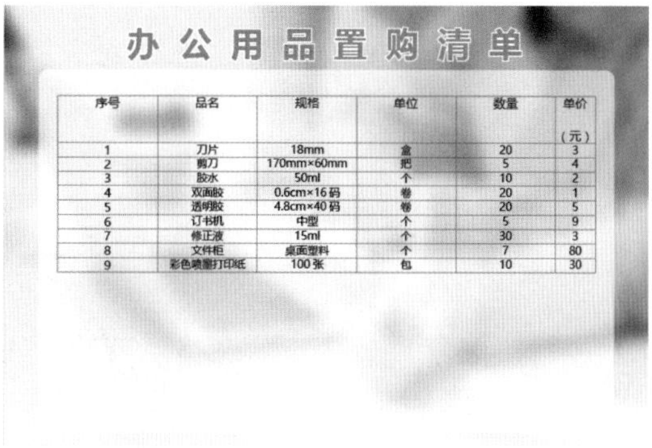

图 6-64

■ 6.2.2 选择表

表创建完成后，用户可以根据需要使用 InDesign 2020 中提供的多种方法来修改表。例如，为单元格添加对角线，调整行、列或表的大小，合并与拆分单元格，插入行和列，删除行、列或表等。在修改表之前，先要选择表。下面介绍选择表的方法。

1. 选择单元格

下面介绍如何选择单元格，具体操作步骤如下。

01 启动 InDesign 2020，按 Ctrl+O 组合键，在弹出的对话框中选择"素材 \Cha06\ 课程表 .indd"，单击【打开】按钮，如图 6-65 所示。

图 6-65

02 在工具箱中单击【文字工具】按钮 **T**，在要选择的单元格内单击，将光标置入，如图 6-66 所示。

图 6-66

03 在菜单栏中选择【表】|【选择】|【单元格】命令，即可将单元格选中，如图 6-67 所示。

图 6-67

2. 选择整行或整列

在 InDesign 2020 中，用户可以根据需要选择整行或整列单元格，下面对其进行简单介绍。

使用【文字工具】 T 在单元格内单击，或选中单元格中的文本，在菜单栏中选择【表】|【选择】|【行】命令或【列】命令，即可选中单元格所在的整行或整列。

选择【文字工具】 T ，将鼠标指针移动到要选择的行的左边缘，当鼠标指针变为 ➡ 形状时，单击鼠标左键即可选中整行，效果如图 6-68 所示。

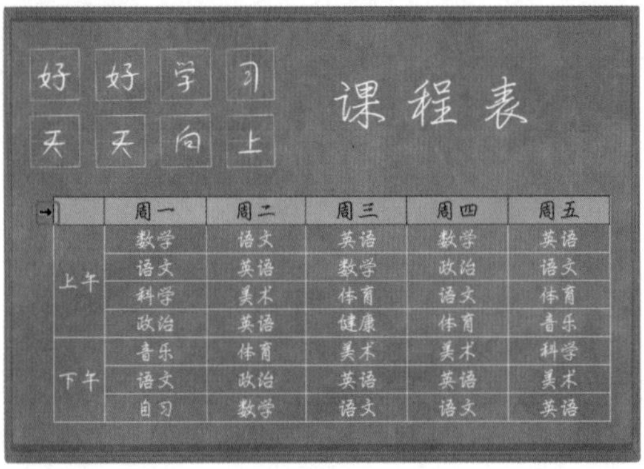

图 6-68

选择【文字工具】 T ，将鼠标指针移到要选择的列的上边缘，当鼠标指针变为 ⬇ 形状时，单击鼠标左键即可选中整列，效果如图 6-69 所示。

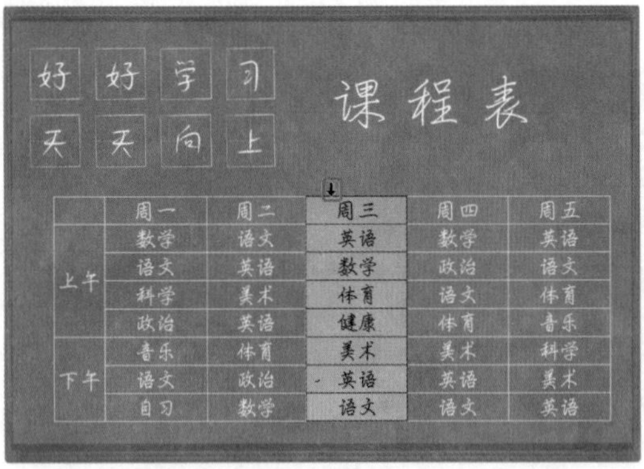

图 6-69

3. 选择整个表

下面介绍如何选择整个表，具体操作步骤如下。

01 打开"素材 \Cha06\ 课程表 .indd"，使用【文字工具】 T 在任意一个单元格内单击，或选中单元格中的文本，如图 6-70 所示。

图 6-70

02 在菜单栏中选择【表】|【选择】|【表】命令，如图 6-71 所示。

图 6-71

03 执行该命令后即可选中整个表，效果如图 6-72 所示。

图 6-72

提示：选择【文字工具】 **T** ，将鼠标指针移动到表的左上角，当鼠标指针变为 ↘ 形状时，单击鼠标左键即可选中整个表，效果如图 6-73 所示。

图 6-73

4. 选择所有表头行、表尾行或正文行

使用【文字工具】 **T** 在任意一个单元格内单击，或选中单元格中的文本，在菜单栏中选择【表】|【选择】|【表头行】命令，如图 6-74 所示，即可选中所有表头行，如图 6-75 所示。

图 6-74

如果在菜单栏中选择【表】|【选择】|【表尾行】命令，即可选中所有表尾行。

如果在菜单栏中选择【表】|【选择】|【正文行】命令，即可选中所有正文行，如图 6-76 所示。

图 6-75

图 6-76

■ 6.2.3 调整行高、列宽与表的大小

在 InDesign 2020 中，用户可以根据需要对行高、列宽或表的大小进行调整。

1. 调整行和列的大小

01 打开"素材\Cha06\课程表.indd"，使用【文字工具】 **T** 在单元格内单击，如图 6-77 所示。

图 6-77

02 在菜单栏中选择【表】|【单元格选项】|【行和列】命令，如图 6-78 所示。

图 6-78

03 弹出【单元格选项】对话框，将【行高】设置为【精确】，在右侧的文本框中输入 12 毫米，如图 6-79 所示。

图 6-79

04 单击【确定】按钮，即可调整光标所在单元格的行高，效果如图 6-80 所示。

图 6-80

2. 调整表的大小

选择【文字工具】 T ，将鼠标指针放置在表的右下角，如图 6-81 所示，当鼠标指针变为 ↖ 样式时，单击并向上、向下或向左、向右或向左上角拖动鼠标，均可增大或减小表的尺寸，如图 6-82 所示。

图 6-81

图 6-82

3. 均匀分布行或列

下面介绍如何均匀分布行或列，具体操作步骤如下。

01 选中要进行操作的表，在菜单栏中选择【表】|【均匀分布列】命令，如图 6-83 所示。

图 6-83

02 执行该操作后，即可均匀分布选择的列，效果如图 6-84 所示。

图 6-84

在 InDesign 2020 中，用户可以使用同样的方法对行进行平均分布。

6.2.4 插入行和列

在使用表的过程中，可以根据需要在表内插入行和列。在 InDesign 2020 中，可以一次插入一行或一列，也可以同时插入多行或多列。

1. 插入行

使用【文字工具】 T.在单元格中单击插入光标，如图 6-85 所示。

图 6-85

在菜单栏中选择【表】|【插入】|【行】命令，弹出【插入行】对话框。在该对话框中，【行数】选项用于设置需要插入的行数，【上】和【下】单选按钮用于指定新行将显示在选择的单元格所在的行的上面还是下面，如图 6-86 所示。单击【确定】按钮，插入行的效果如图 6-87所示。

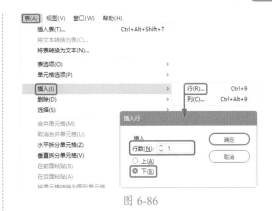

图 6-86

图 6-87

2. 插入列

使用【文字工具】 T.在单元格中单击插入光标，如图 6-88 所示。在菜单栏中选择【表】|【插入】|【列】命令，弹出【插入列】对话框。在该对话框中【列数】选项用于设置需要插入的列数，【左】和【右】单选按钮用于指定新列将显示在选择的单元格所在的列的左边还是右边，如图 6-89 所示。单击【确定】按钮，为了方便观察，可单击工具箱中的【正常】按钮 ，如图 6-90 所示。

图 6-88

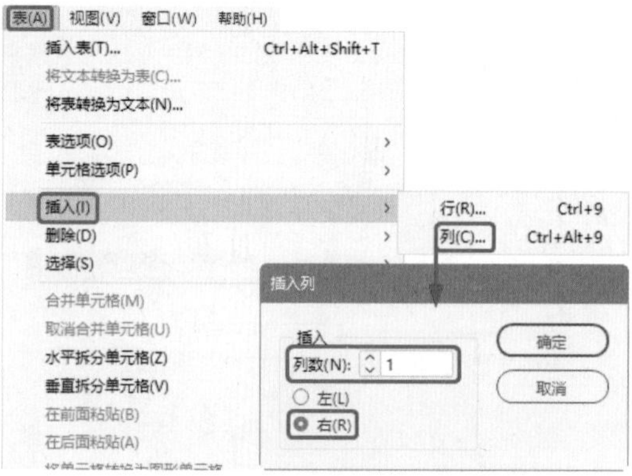

图 6-89

图 6-90

3. 插入多行和多列

使用【文字工具】T在单元格中单击插入光标，如图 6-91 所示。在菜单栏中选择【表】|【表选项】|【表设置】命令，如图 6-92 所示。

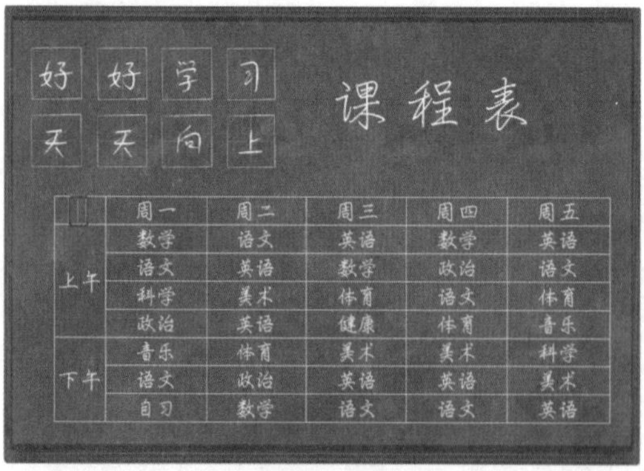

图 6-91

弹出【表选项】对话框，在该对话框中将【正文行】设置为 8，将【列】设置为 7，如图 6-93 所示。设置完成后单击【确定】按钮，即可插入多行和多列，效果如图 6-94 所示。

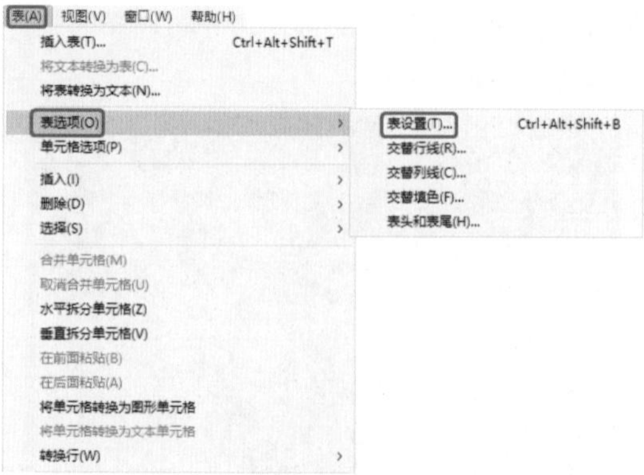

图 6-92

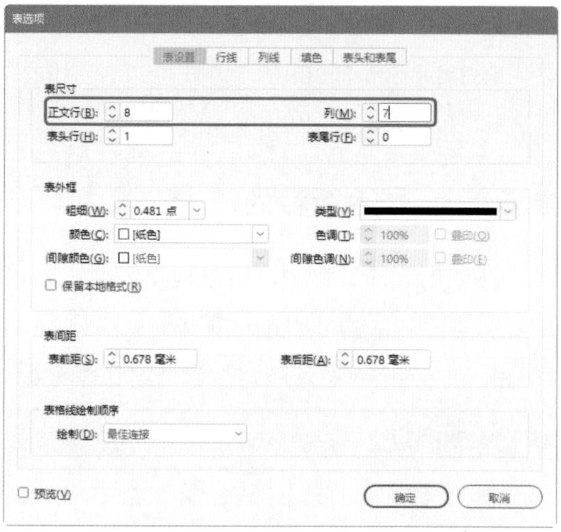

图 6-93

图 6-94

【实战】在表中添加图像

为了使表格更加美观，可以在表格中添加图像。下面介绍如何向表中添加图像，完成后的效果如图 6-95 所示。

图 6-95

素材	素材 \Cha06\ 旅游清单 .indd、添加图像素材 .png
场景	场景 \Cha06\【实战】在表中添加图像 .indd
视频	视频教学 \Cha06\【实战】在表中添加图像 .mp4

01 按 Ctrl+O 组合键，打开"素材 \Cha06\ 旅游清单 .indd"，如图 6-96 所示。

图 6-96

02 将光标置于"已完成"文本的后一个单元格中，按 Ctrl+D 组合键，弹出【置入】对话框，选择"素材 \Cha06\ 添加图像素材 .png"，单击【打开】按钮，如图 6-97 所示。

图 6-97

03 双击选择图像，按住 Shift+Alt 组合键的

同时向内拖动图像，以调整图像大小，效果如图 6-98 所示。

图 6-98

【实战】为单元格添加对角线

在 InDesign 2020 中，用户可以根据需要为单元格添加对角线，效果如图 6-99 所示。

图 6-99

素材	无
场景	场景 \Cha06\【实战】为单元格添加对角线 .indd
视频	视频教学 \Cha06\【实战】为单元格添加对角线 .mp4

01 继续上一实战案例的操作，在工具箱中单击【文字工具】按钮 T，将光标置入左上角的单元格中，如图 6-100 所示。

02 在菜单栏中选择【表】|【单元格选项】|【对角线】命令，图 6-101 所示。

03 在弹出的【单元格选项】对话框中单击【从左上角到右下角的对角线（同 5023）】按钮 ▨，其他参数使用默认设置，如图 6-102 所示。

04 设置完成后单击【确定】按钮，添加对角线的效果如图 6-103 所示。

图 6-100

图 6-101

图 6-102

图 6-103

 【实战】删除行、列或表

有时制作的表中会有多余的行、列，或者

有时需要删除整个表，本案例就来讲解如何删除表中多余的行，完成后的效果如图 6-104 所示。

图 6-104

素材	无
场景	场景 \Cha06\【实战】删除行、列或表 .indd
视频	视频教学 \Cha06\【实战】删除行、列或表 .mp4

01 继续上一实战案例的操作，将光标置于表中空白行的任意一列中，如图 6-105 所示。

图 6-105

02 在菜单栏中选择【表】|【删除】|【行】命令，如图 6-106 所示，即可将光标所在的行删除，如图 6-107 所示。

图 6-106

图 6-107

删除列或表的方法与上述方法相同。

■ 6.2.5 合并和拆分单元格

本节介绍如何合并和拆分单元格。合并就是把两个或多个单元格合并为一个单元格，而拆分是把一个单元格拆分为两个或多个单元格。

1. 合并单元格

选择【文字工具】T，拖动鼠标将需要合并的单元格选中，如图 6-108 所示。在菜单栏中选择【表】|【合并单元格】命令，如图 6-109 所示，合并单元格后的效果如图 6-110 所示。

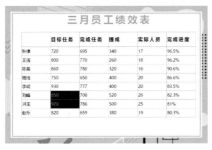

图 6-108

图 6-109

图 6-110

> 提示：在 InDesign 2020 中，如果需要取消单元格的合并，可在菜单栏中选择【表】|【取消合并单元格】命令。

2. 拆分单元格

使用【文字工具】T，选择需要拆分的单元格，如图 6-111 所示。在菜单栏中选择【表】|【垂直拆分单元格】命令，如图 6-112 所示。

图 6-111

图 6-112

垂直拆分单元格后的效果如图6-113所示。

图 6-113

提示：在 InDesign 2020 中，当用户选择要拆分的单元格后，可单击鼠标右键，在弹出的快捷菜单中选择【水平拆分单元格】或【垂直拆分单元格】命令，如图 6-114 所示。

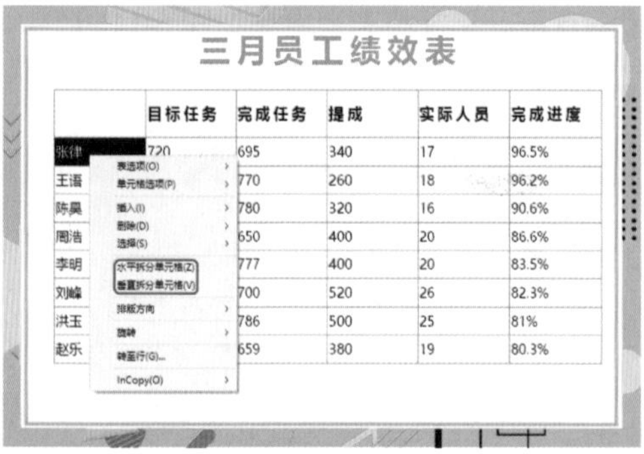

图 6-114

■ 6.2.6　设置单元格的格式

在 InDesign 2020 中，用户可以通过使用【单元格选项】对话框来更改单元格的边距、对齐方式以及排版方向等，本节将对其进行简单介绍。

1. 更改单元格的内边距

下面介绍更改单元格内边距的方法，具体操作步骤如下。

01 按 Ctrl+O 组合键，打开"素材 \Cha06\ 绩

效表 01.indd"，如图 6-115 所示。

图 6-115

02 在工具箱中单击【文字工具】按钮 T，拖动鼠标选择需要更改内边距的单元格，如图 6-116 所示。

图 6-116

03 在菜单栏中选择【表】|【单元格选项】|【文本】命令，如图 6-117 所示。

图 6-117

04 弹出【单元格选项】对话框，在【单元格内边距】选项组中将【上】【下】【左】【右】均设置为 5 毫米，如图 6-118 所示。

05 单击【确定】按钮，设置内边距后的效果如图 6-119 所示。

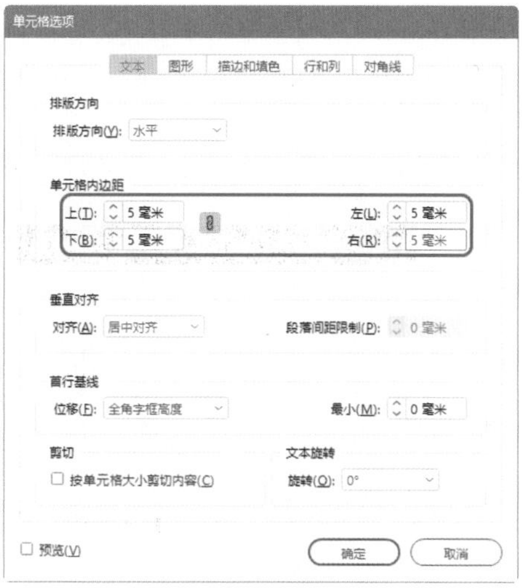

图 6-118

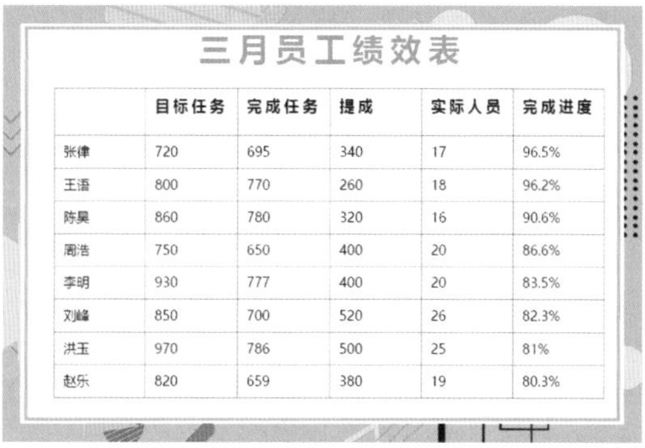
三月员工绩效表

	目标任务	完成任务	提成	实际人员	完成进度
张律	720	695	340	17	96.5%
王语	800	770	260	18	96.2%
陈昊	860	780	320	16	90.6%
周浩	750	650	400	20	86.6%
李明	930	777	400	20	83.5%
刘峰	850	700	520	26	82.3%
洪玉	970	786	500	25	81%
赵乐	820	659	380	19	80.3%

图 6-119

2. 改变单元格中文本的对齐方式

下面介绍如何改变单元格中文本的对齐方式，具体操作步骤如下。

01 打开“素材\Cha06\绩效表 01.indd”，使用【文字工具】T 拖动鼠标选择需要更改对齐方式的文本，如图 6-120 所示。

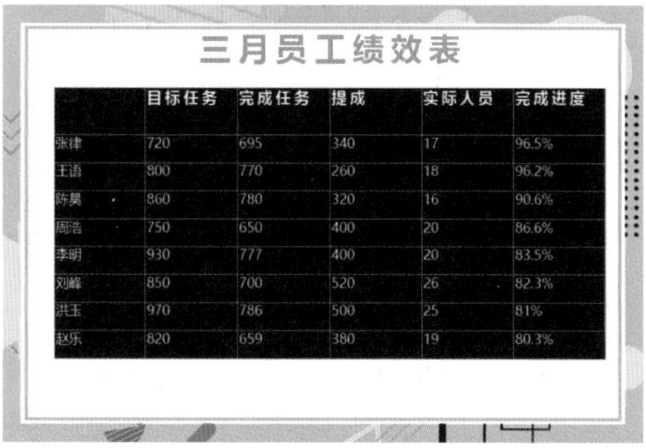
三月员工绩效表

	目标任务	完成任务	提成	实际人员	完成进度
张律	720	695	340	17	96.5%
王语	800	770	260	18	96.2%
陈昊	860	780	320	16	90.6%
周浩	750	650	400	20	86.6%
李明	930	777	400	20	83.5%
刘峰	850	700	520	26	82.3%
洪玉	970	786	500	25	81%
赵乐	820	659	380	19	80.3%

图 6-120

02 在菜单栏中选择【表】|【单元格选项】|【文本】命令，在弹出的【单元格选项】对话框中将【垂直对齐】选项组中的【对齐】设置为【居中对齐】，如图 6-121 所示。

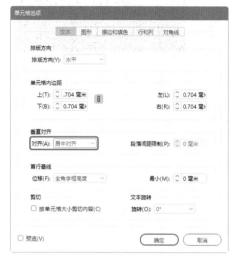

图 6-121

03 单击【确定】按钮，即可改变选中文本的对齐方式，效果如图 6-122 所示。

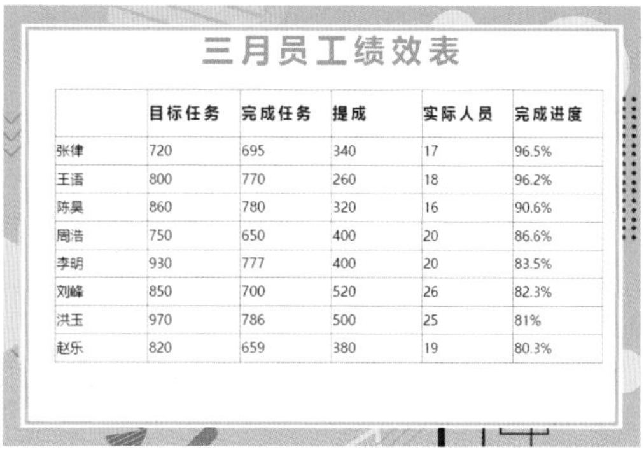
三月员工绩效表

	目标任务	完成任务	提成	实际人员	完成进度
张律	720	695	340	17	96.5%
王语	800	770	260	18	96.2%
陈昊	860	780	320	16	90.6%
周浩	750	650	400	20	86.6%
李明	930	777	400	20	83.5%
刘峰	850	700	520	26	82.3%
洪玉	970	786	500	25	81%
赵乐	820	659	380	19	80.3%

图 6-122

3. 旋转文本

下面介绍如何旋转单元格中的文本，具体操作步骤如下。

01 继续上面的操作，使用【文字工具】T 选择需要进行旋转的文本，如图 6-123 所示。

02 在菜单栏中选择【表】|【单元格选项】|【文本】命令，弹出【单元格选项】对话框，将【文本旋转】选项组中的【旋转】设置为 180°，如图 6-124 所示。

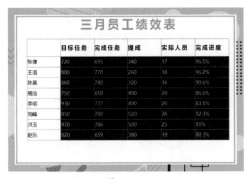

图 6-123

图 6-124

03 单击【确定】按钮，即可改变旋转角度，效果如图 6-125 所示。

图 6-125

4.更改排版方向

在 InDesign 2020 中，用户可以根据需要对单元格中文字的排版方向进行更改。下面介绍如何更改文字的排版方向，具体操作步骤如下。

01 取消上面文字的旋转，使用【文字工具】T 选择要更改排版方向的文本，如图 6-126 所示。

图 6-126

02 在菜单栏中选择【表】|【单元格选项】|【文本】命令，弹出【单元格选项】对话框，将【排版方向】设置为【垂直】，如图 6-127 所示。

图 6-127

03 单击【确定】按钮即可，选择【垂直】排版方向后的效果如图 6-128 所示。

图 6-128

6.2.7 添加表头和表尾

除了在创建表时可以添加表头行和表尾行外，还可以将正文行转换为表头行或表尾行。也可以使用【表选项】对话框来添加表头行和表尾行并更改它们在表中的显示方式。

1. 将现有行转换为表头行或表尾行

选择【文字工具】T，在第一行中的任意一个单元格中单击插入光标，然后在菜单栏中选择【表】|【转换行】|【到表头】命令，即可将现有行转换为表头行。

选择【文字工具】T，在最后一行中的任意一个单元格中单击插入光标，然后在菜单栏中选择【表】|【转换行】|【到表尾】命令，即可将现有行转换为表尾行。

2. 更改表头行或表尾行选项

使用【文字工具】T 在表中的任意一个单元格中单击插入光标，然后在菜单栏中选择【表】|【表选项】|【表头和表尾】命令，弹出【表选项】对话框，如图 6-129 所示。

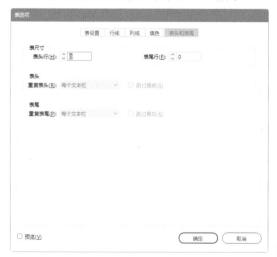

图 6-129

1）【表尺寸】选项组

在该选项组的【表头行】和【表尾行】文本框中指定表头行或表尾行的数量，可以在表的顶部或底部添加空行。

2）【表头】和【表尾】选项组

在这两个选项组的【重复表头】和【重复表尾】文本框中指定表头或表尾中的信息是显示在每个文本栏中，还是每个文本框架显示一次，或是每页只显示一次。

如果不希望表头信息显示在表的第一行中，则勾选【跳过最前】复选框；若不希望表尾信息显示在表的最后一行中，则勾选【跳过最后】复选框。

6.2.8 为表添加描边与填色

在 InDesign 2020 中，用户可以根据需要通过多种方式为表添加描边与填色，使其更加美观。使用【表选项】对话框可以更改表边框的描边，并向列和行中添加交替描边和填色。如果要更改个别单元格或表头 / 表尾单元格的描边和填色，可以使用【单元格选项】对话框，或者使用【色板】面板、【描边】面板和【颜色】面板等。

1. 设置表的描边

下面介绍如何为表设置描边，具体操作步骤如下。

01 按 Ctrl+O 组合键，打开“素材 \Cha06\ 绩效表 02.indd”，如图 6-130 所示。

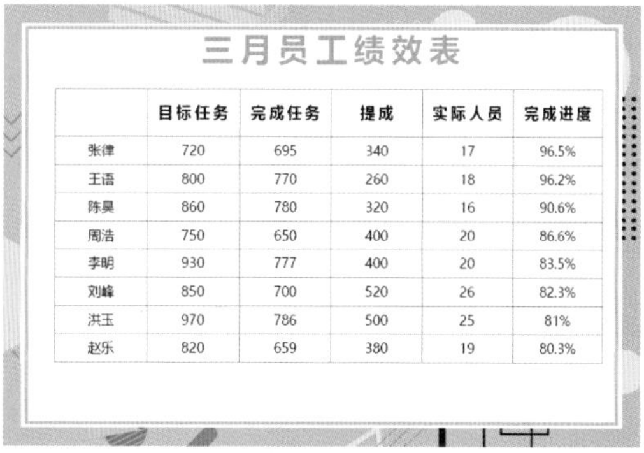

三月员工绩效表

	目标任务	完成任务	提成	实际人员	完成进度
张律	720	695	340	17	96.5%
王语	800	770	260	18	96.2%
陈昊	860	780	320	16	90.6%
周浩	750	650	400	20	86.6%
李明	930	777	400	20	83.5%
刘峰	850	700	520	26	82.3%
洪玉	970	786	500	25	81%
赵乐	820	659	380	19	80.3%

图 6-130

02 使用【文字工具】T 在任意一个单元格中单击插入光标，如图 6-131 所示。

图 6-131

等。在【表格线绘制顺序】选项组的【绘制】下拉列表中有以下几项参数。

◎ 【最佳连接】：在不同颜色的描边交叉处行线将显示在上面。当描边（如双线）交叉时，它们会连接在一起，并且交叉点也会连接在一起。

◎ 【行线在上】：行线会显示在上面。

◎ 【列线在上】：列线会显示在上面。

◎ 【InDesign 2.0 兼容性】：行线会显示在上面。当多条描边（如双线）交叉时，它们会连接在一起，而仅在多条描边呈 T 形交叉时，多个交叉点才会连接在一起。

03 在菜单栏中选择【表】|【表选项】|【表设置】命令，弹出【表选项】对话框，如图 6-132 所示。

其中，【表外框】选项组用于指定所需的表框粗细、类型、颜色、色调和间隙颜色

图 6-132

04 在弹出的对话框中将【粗细】设置为2点，在【颜色】下拉列表中选择一种颜色，将【类型】设置为【虚线（4 和 4）】，如图 6-133 所示。

05 单击【确定】按钮，设置外框描边后的效果如图 6-134 所示。

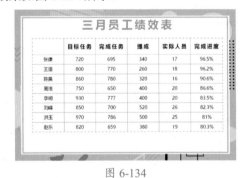

图 6-134

2. 设置单元格的描边

在 InDesign 2020 中，使用【单元格选项】对话框、【描边】面板都可为单元格设置描边，本节将对其进行简单介绍。

图 6-133

1）使用【单元格选项】对话框设置描边

下面介绍如何使用【单元格选项】对话框为单元格设置描边，具体操作步骤如下。

01 打开"素材 \Cha06\ 绩效表 02.indd"，使用【文字工具】 T 选择需要添加描边的单元格，如图 6-135 所示。

图 6-135

02 在菜单栏中选择【表】|【单元格选项】|【描边和填色】命令，弹出【单元格选项】对话框，如图 6-136 所示。在【单元格描边】选项组的预览区域中，单击蓝色线条后，线条呈灰色状态，此时将不能对灰色线条进行描边。在其他选项中可以指定所需线条的粗细、类型、颜色和色调等。在【单元格填色】选项组中可以指定所需要的颜色和色调。

图 6-136

03 在【单元格描边】选项组中将【粗细】设置为 2 点，将【颜色】设置为【C=75 M=5 Y=100 K=0】，然后在【类型】下拉列表中选择【圆点】，如图 6-137 所示。

图 6-137

04 单击【确定】按钮，添加描边与填色后的效果如图 6-138 所示。

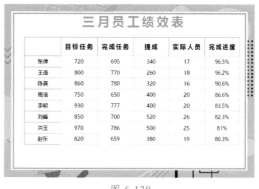

图 6-138

2）使用【描边】面板设置描边

下面介绍如何使用【描边】面板为单元格设置描边，具体操作步骤如下。

01 打开"素材 \Cha06\ 绩效表 02.indd"，使用【文字工具】 T 选择需要描边的单元格，如图 6-139 所示。

02 按 F10 键打开【描边】面板，在预览区域中单击不需要添加描边的线条，将【粗细】设置为 2 点，将【类型】设置为【虚线（3 和

2）】，如图 6-140 所示。

三月员工绩效表

	目标任务	完成任务	提成	实际人员	完成进度
张律	720	695	340	17	96.5%
王语	800	770	260	18	96.2%
陈昊	860	780	320	16	90.6%
周洁	750	650	400	20	86.6%
李明	930	777	400	20	83.5%
刘峰	850	700	520	26	82.3%
洪玉	970	786	500	25	81%
赵乐	820	659	380	19	80.3%

图 6-139

图 6-140

03 设置完成后按 Enter 键确认，效果如图 6-141 所示。

三月员工绩效表

	目标任务	完成任务	提成	实际人员	完成进度
张律	720	695	340	17	96.5%
王语	800	770	260	18	96.2%
陈昊	860	780	320	16	90.6%
周洁	750	650	400	20	86.6%
李明	930	777	400	20	83.5%
刘峰	850	700	520	26	82.3%
洪玉	970	786	500	25	81%
赵乐	820	659	380	19	80.3%

图 6-141

■ 6.2.9　为单元格填色

在 InDesign 2020 中，不仅可以为单元格描边，还可以根据需要为单元格填色，本节将对其进行简单介绍。

1.为单元格填充纯色

下面介绍如何为单元格填充纯色，具体操作步骤如下。

01 打开"素材 \Cha06\ 绩效表 02.indd"，使

用【文字工具】 T 选择需要填色的单元格，如图 6-142 所示。

三月员工绩效表

	目标任务	完成任务	提成	实际人员	完成进度
张律	720	695	340	17	96.5%
王语	800	770	260	18	96.2%
陈昊	860	780	320	16	90.6%
周洁	750	650	400	20	86.6%
李明	930	777	400	20	83.5%
刘峰	850	700	520	26	82.3%
洪玉	970	786	500	25	81%
赵乐	820	659	380	19	80.3%

图 6-142

02 在菜单栏中选择【窗口】|【颜色】|【色板】命令，打开【色板】面板，在该面板中选择【C=100 M=0 Y=0 K=0】颜色，如图 6-143 所示。

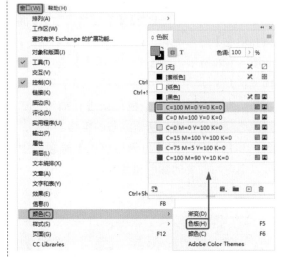

图 6-143

03 即可为选择的单元格填充颜色，将选中单元格中的文字【填色】设置为白色，效果如图 6-144 所示。

三月员工绩效表

	目标任务	完成任务	提成	实际人员	完成进度
张律	720	695	340	17	96.5%
王语	800	770	260	18	96.2%
陈昊	860	780	320	16	90.6%
周洁	750	650	400	20	86.6%
李明	930	777	400	20	83.5%
刘峰	850	700	520	26	82.3%
洪玉	970	786	500	25	81%
赵乐	820	659	380	19	80.3%

图 6-144

2. 为单元格填充渐变颜色

下面介绍如何为单元格填充渐变颜色，具体操作步骤如下。

01 打开"素材\Cha06\绩效表 02.indd"，使用【文字工具】**T**选择需要填充渐变颜色的第一行单元格，在菜单栏中选择【窗口】|【颜色】|【渐变】命令，打开【渐变】面板，将【类型】设置为【径向】，如图 6-145 所示。

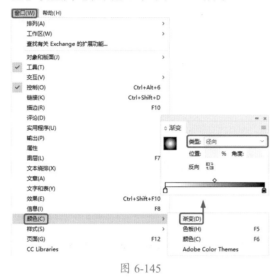

图 6-145

02 执行该操作后，即可为选择的单元格填

充渐变颜色，将文字的【填色】修改为白色，效果如图 6-146 所示。

图 6-146

6.2.10　设置交替描边与填色

为表设置交替描边与填色，可以使表看起来更加美观，并使其表达的内容更加清晰与直观，本节将对其进行简单介绍。

1. 为表设置交替描边

使用【文字工具】**T**在表的任意一个单元格中单击插入光标，在菜单栏中选择【表】|【表选项】|【交替行线】命令，弹出【表选项】对话框，如图 6-147 所示。

图 6-147

在【交替模式】下拉列表中选择【自定行】选项，然后对其他参数进行设置，如图 6-148 所示。设置完成后单击【确定】按钮，设置交替描边后的效果如图 6-149 所示。

提示：在菜单栏中选择【表】|【表选项】|【交替列线】命令，在弹出的【表选项】对话框中可以为列线进行设置。

图 6-148

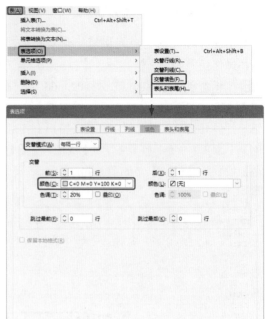

图 6-150

图 6-149

2. 为表设置交替填色

使用【文字工具】 T.在表的任意一个单元格中单击插入光标，在菜单栏中选择【表】|【表选项】|【交替填色】命令，弹出【表选项】对话框，在【交替模式】下拉列表中选择【每隔一行】选项，然后对其他参数进行设置，如图 6-150 所示。设置完成后单击【确定】按钮，设置交替填色后的效果如图 6-151 所示。

图 6-151

提示：如果想取消表中的交替填色，可以使用【文字工具】 T.在表的任意一个单元格中单击插入光标，在菜单栏中选择【表】|【表选项】|【交替填色】命令，弹出【表选项】对话框，在【交替模式】下拉列表中选择【无】选项，然后单击【确定】按钮，即可取消表中的交替填色。使用同样的方法，可以取消交替行线和列线。

课后项目
练习

手机日历设计

某款日历软件需要制作一个带清晰日程的日历界面，且需要界面舒适美观，效果如图 6-152 所示。

课后项目练习效果展示

图 6-152

课后项目练习过程概要

（1）使用【矩形工具】绘制底纹，添加图像素材。

（2）使用【矩形工具】【文字工具】等制作日期。

（3）使用【文字工具】【椭圆工具】等制作日程部分。

素材	素材 \Cha06\ 日历素材 01.png、日历素材 02.png
场景	场景 \Cha06\ 手机日历 .indd
视频	视频教学 \Cha06\ 手机日历 .mp4

01 新建一个【宽度】【高度】分别为 378 毫米、672 毫米，【页面】为 1 的文档，并将【边距】均设置为 0 毫米，单击【确定】按钮。在工具箱中单击【矩形工具】按钮 □，

绘制一个矩形，选中绘制的矩形，将【描边】设置为无，将 W、H 分别设置为 378 毫米、672 毫米，单击【填色】色块，打开【渐变】面板，将【类型】设置为【线性】，将【角度】设置为 90°，将左侧颜色块的 RGB 值设置为 90、133、255，将右侧颜色块的 RGB 值设置为 61、125、255，如图 6-153 所示。

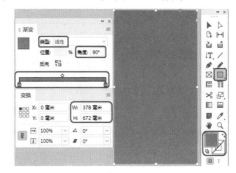

图 6-153

02 在菜单栏中选择【编辑】|【透明混合空间】|【文档 RGB】命令，如图 6-154 所示。

图 6-154

03 在菜单栏中选择【文件】|【置入】命令，弹出【置入】对话框，选择"素材\Cha06\日历素材01.png"，单击【打开】按钮，拖动鼠标将图片置入合适的位置，如图6-155所示。

图 6-155

04 在工具箱中单击【文字工具】按钮 **T**，在文档窗口中绘制一个文本框，输入文字，选中输入的文字，在控制栏中将【字体】设置为【微软雅黑】，【字体样式】设置为Regular，将【字体大小】设置为55点，在【颜色】面板中将【填色】的RGB值设置为255、255、255，如图6-156所示。

图 6-156

05 在工具箱中单击【钢笔工具】按钮 ，在文档窗口中绘制如图6-157所示的图形，将【填色】的RGB值设置为255、255、255，将【描边】设置为无。

06 选中绘制的三角形，按住Alt键向右拖动鼠标，对三角形进行复制，在复制后的三角形上单击鼠标右键，在弹出的快捷菜单中选

择【变换】|【水平翻转】命令，如图6-158所示。

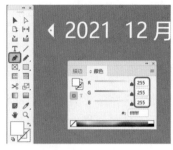

图 6-157

图 6-158

07 在菜单栏中选择【文件】|【置入】命令，弹出【置入】对话框，选择"素材\Cha06\日历素材02.png"，单击【打开】按钮，拖动鼠标将图片置入合适的位置，如图6-159所示。

图 6-159

08 在工具箱中单击【矩形工具】按钮 ，在文档窗口中绘制矩形，将【填色】设置为白色，将【描边】设置为无，将W、H分别设置为323毫米、290毫米，打开【效果】面板，将【不透明度】设置为50%，如图6-160所示。

09 在菜单栏中选择【对象】|【角选项】命令，弹出【角选项】对话框，将【转角大小】

设置为 40 毫米，【转角形状】设置为圆角，如图 6-161 所示。

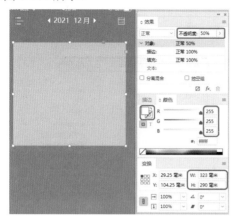

图 6-160

图 6-161

10 选中绘制的图形，按 Ctrl+C 组合键进行复制，按 Ctrl+V 组合键进行粘贴，将粘贴图形的 W、H 分别设置为 330 毫米、301 毫米，并调整其位置，如图 6-162 所示。

图 6-162

11 使用同样的方法将图形复制并粘贴，将 W、H 分别设置为 351 毫米、302 毫米，将【不透明度】设置为 100%，并调整图形位置，如图 6-163 所示。

图 6-163

12 在工具箱中单击【文字工具】按钮，在文档窗口中绘制一个文本框，输入文字，选中输入的文字，将【字体】设置为【汉仪中黑简】，将【字体大小】设置为 44 点，在【颜色】面板中将【填色】的 RGB 值设置为 140、140、139，在【变换】面板中将 X、Y 分别设置为 26.5 毫米、92.75 毫米，将 W、H 分别设置为 328 毫米、19.5 毫米，如图 6-164 所示。

图 6-164

13 在菜单栏中选择【文字】|【制表符】命令，打开【制表符】面板，单击【将面板放在文本框架上】按钮 ∩，在间隔 50 毫米的位置添加一个左对齐制表符，将光标置于文字的左侧，按 Tab 键将文字与制表符对齐，如图 6-165 所示。

14 使用同样的方法将其他文字与制表符对齐，如图 6-166 所示。

15 将【制表符】面板关闭，选中文字，在菜单栏中选择【表】|【将文本转换为表】命令，

在弹出的对话框中将【列分隔符】设置为【制表符】，如图 6-167 所示。

图 6-165

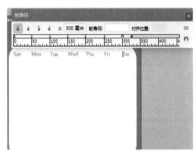

图 6-166

图 6-167

16 单击【确定】按钮，选中所有单元格，在控制栏中单击【居中对齐】按钮≡，单击鼠标右键，在弹出的快捷菜单中分别选择【均匀分布列】命令和【表选项】|【表设置】命令，如图 6-168 所示。

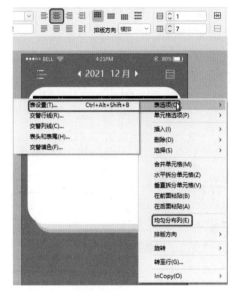

图 6-168

17 在弹出的【表选项】对话框中选择【表设置】选项卡，将【表外框】选项组中的【颜色】设置为无，如图 6-169 所示。

图 6-169

18 选择【行线】选项卡，将【交替模式】设置为【每隔一行】，将【交替】选项组中的【颜色】均设置为无，如图 6-170 所示。

19 选择【列线】选项卡，将【交替模式】设置为【每隔一列】，将【交替】选项组中的【颜色】均设置为无，如图 6-171 所示。

图 6-170

图 6-171

20 单击【确定】按钮，在工具箱中单击【文字工具】按钮 T.，在文档窗口中绘制一个文本框，输入文字，选中输入的文字，将【字体】设置为【方正黑体简体】，将【字体大小】设置为 48 点，将【行距】设置为 105 点，在【颜色】面板中将【填色】的 RGB 值设置为 0、0、0，将 W、H 分别设置为 325 毫米、251 毫米，并调整其位置，如图 6-172 所示。

21 将数字 28 ~ 30、01 ~ 08 的【填色】设置为 224、224、224，如图 6-173 所示。

22 将其他数字的【填色】设置为 140、140、139，如图 6-174 所示。

图 6-172

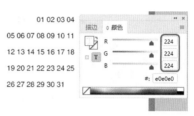

图 6-173

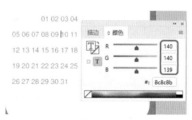

图 6-174

23 按 F5 键打开【色板】面板，单击【色板】面板中的 ☰ 按钮，在弹出的下拉菜单中选择【新建颜色色板】命令，如图 6-175 所示。

图 6-175

24 在弹出的对话框中将【颜色模式】设置为 RGB，将【红色】【绿色】【蓝色】分别设置为 245、166、21，如图 6-176 所示。

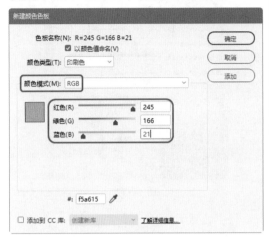

图 6-176

25 单击【确定】按钮，根据前面介绍的方法间隔文字并将文字转换为表，使用【文字工具】将表格下边框拖动至合适位置，并均匀分布行与列，然后设置【表选项】对话框，将【行线】的【交替模式】设置为【自定行】，【粗细】设置为 0.5 点，【颜色】设置为【R=245 G=166 B=21】，如图 6-177 所示。

图 6-177

26 在工具箱中单击【椭圆工具】按钮，在文档窗口中按住 Shift 键绘制一个正圆，在【颜色】面板中将【填色】的 RGB 值设置为255、115、124，将【描边】设置为无，将 W、H 均设置为 3.5 毫米，并将其调整至合适的位置，如图 6-178 所示。

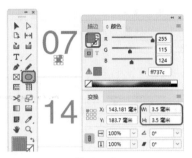

图 6-178

27 使用同样的方法绘制一个圆形，将【描边】设置为无，打开【渐变】面板，将【类型】设置为【线性】，将【角度】设置为90°，将左侧颜色块的 RGB 值设置为61、126、255，将右侧颜色块的 RGB 值设置为102、153、255，并将其调整至合适的位置，如图 6-179 所示。

图 6-179

28 按 Ctrl+Shift+F10 组合键打开【效果】面板，单击【向选定的目标添加对象效果】按钮，在弹出的下拉菜单中选择【投影】命令，如图 6-180 所示。

图 6-180

29 在弹出的对话框中将【模式】设置为【正片叠底】，右侧色块的 RGB 值设置为65、128、255，【不透明度】设置为50%，【距离】

【角度】分别设置为 2 毫米、90°，【大小】设置为 3 毫米，如图 6-181 所示。

图 6-181

30 单击【确定】按钮，选中日历数字，右击鼠标，在弹出的快捷菜单中选择【排列】|【置于顶层】命令，如图 6-182 所示。

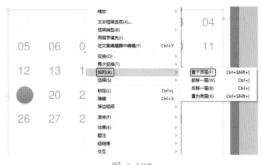

图 6-182

31 将渐变圆形上方数字的 RGB 值设置为 255、255、255。根据前面所介绍的方法在文档窗口中绘制其他图形与文字，并对其进行相应设置，如图 6-183 所示。

图 6-183

第 7 章

课程设计

广告是营销的重要工具，却不是唯一的工具和手段。广告是一种十分有效的信息传播方式，是公司用来对目标顾客进行直接说服性沟通的主要工具之一。本课程设计了环保广告以及手表广告的案例，让读者动手操作，巩固学习内容。

7.1　环保广告

1. 效果展示

2. 操作要领

（1）新建【宽度】【高度】分别为716毫米、403毫米，【页面】为1，【边距】均为20毫米的文档，置入"环保素材01.jpg"素材文件，并设置其位置与大小。

（2）使用【文字工具】制作第一行广告目标。

（3）使用【钢笔工具】【椭圆工具】【矩形工具】绘制垃圾桶。为了使垃圾桶更有层次感，为其添加【定向羽化】效果，并将绘制完成后的垃圾桶进行编组。

（4）将绘制的垃圾桶隐藏，使用【文字工具】制作广告主题。为了使文字更加立体，将文字转换为轮廓，使用【钢笔工具】删除多余锚点，并调整其图层位置，然后将垃圾桶取消隐藏。

（5）使用【文字工具】制作最后一行广告目标，为了使文字更加立体，为其设置切变角度，并设置【投影】效果。

（6）置入"环保素材02.png"素材文件，并设置其位置与大小。

7.2　手表广告

1. 效果展示

2. 操作要领

（1）新建【宽度】【高度】分别为 122 毫米、58 毫米，【页面】为 1，【边距】均为 20 毫米的文档，置入"手表素材 01.jpg"素材文件，并调整其位置与大小。

（2）使用【矩形工具】绘制广告语底部，为了使矩形更加立体，为其添加【投影】效果。

（3）使用【文字工具】制作广告目标，使用【矩形工具】【钢笔工具】与【水平翻转】制作装饰。

（4）使用【文字工具】制作广告主题，使用【矩形工具】【钢笔工具】制作广告语装饰。

（5）置入"手表素材 02.png"素材文件，并调整其大小与位置。

附录

常用快捷键

文件菜单

新建文档	Ctrl+N	打开	Ctrl+O	关闭	Ctrl+W
存储	Ctrl+S	存储为	Ctrl+Shift+S	存储副本	Ctrl+Alt+S
置入	Ctrl+D	导出	Ctrl+E	文档设置	Ctrl+Alt+P
调整版面	Alt+Shift+P	文件信息	Ctrl+Alt+Shift+I	打印	Ctrl+P
退出	Ctrl+Q				

编辑菜单

还原	Ctrl+Z	重做	Ctrl+Shift+Z	剪切	Ctrl+X
复制	Ctrl+C	粘贴	Ctrl+V	粘贴时不包含格式	Ctrl+Shift+V
粘入内部	Ctrl+Alt+V	粘贴时不包含网格格式	Ctrl+Alt+Shift+V	清除	Backspace
应用网格格式	Ctrl+Alt+E	直接复制	Ctrl+Alt+Shift+D	多重复制	Ctrl+Alt+U
全选	Ctrl+A	全部取消选择	Ctrl+Shift+A	注销	Ctrl+F9
在文章编辑器中编辑	Ctrl+Y	快速应用	Ctrl+Enter	查找 / 更改	Ctrl+F
查找下一个	Ctrl+Alt+F	拼写检查	Ctrl+I	【首选项】|【常规】	Ctrl+K

文字菜单

字符	Ctrl+T	段落	Ctrl+Alt+T	制表符	Ctrl+Shift+T
字形	Alt+Shift+F11	字符样式	Shift+F11	段落样式	F11
复合字体	Ctrl+Alt+Shift+F	避头尾设置	Ctrl+Shift+K	创建轮廓	Ctrl+Shift+O
显示隐含的字符	Ctrl+Alt+I				

对象菜单

【变换】|【移动】	Ctrl+Shift+M	【再次变换】|【再次变换序列】	Ctrl+Alt+4	【排列】|【置于顶层】	Ctrl+Shift+]
【排列】|【前移一层】	Ctrl+]	【排列】|【后移一层】	Ctrl+[	【排列】|【置于底层】	Ctrl+Shift+[
【选择】|【上方第一个对象】	Ctrl+Alt+Shift+]	【选择】|【上方下一个对象】	Ctrl+Alt+]	【选择】|【下方下一个对象】	Ctrl+Alt+[
【选择】|【下方最后一个对象】	Ctrl+Alt+Shift+[	编组	Ctrl+G	取消编组	Ctrl+Shift+G

锁定	Ctrl+L	解锁跨页上的所有内容	Ctrl+Alt+L	隐藏	Ctrl+3
显示跨页上的所有内容	Ctrl+Alt+3	【适合】｜【按比例填充框架】	Ctrl+Alt+Shift+C	【适合】｜【按比例适合内容】	Ctrl+Alt+Shift+E
【效果】｜【投影】	Ctrl+Alt+M	【路径】｜【建立复合路径】	Ctrl+8	【路径】｜【释放复合路径】	Ctrl+Alt+Shift+8

视图菜单

放大	Ctrl+=	缩小	Ctrl+-	使页面适合窗口	Ctrl+0
使跨页适合窗口	Ctrl+Alt+0	实际尺寸	Ctrl+1	完整粘贴板	Ctrl+Alt+Shift+0
【屏幕模式】｜【演示文稿】	Shift+W	【显示性能】｜【快速显示】	Ctrl+Alt+Shift+Z	【显示性能】｜【典型显示】	Ctrl+Shift+9
【显示性能】｜【高品质显示】	Ctrl+Alt+Shift+9	隐藏标尺	Ctrl+R	【网格和参考线】｜【隐藏参考线】	Ctrl+;
【网格和参考线】｜【锁定参考线】	Ctrl+Alt+;	【网格和参考线】｜【靠齐参考线】	Ctrl+Shift+;	【网格和参考线】｜【智能参考线】	Ctrl+U
【网格和参考线】｜【显示基线网格】	Ctrl+Alt+'	【网格和参考线】｜【显示文档网格】	Ctrl+'	【网格和参考线】｜【靠齐文档网格】	Ctrl+Shift+'
【网格和参考线】｜【显示版面网格】	Ctrl+Alt+A	【网格和参考线】｜【靠齐版面网格】	Ctrl+Alt+Shift+A	【网格和参考线】｜【隐藏框架字数统计】	Ctrl+Alt+C
【网格和参考线】｜【隐藏框架网格】	Ctrl+Shift+E				

窗口菜单

【对象和版面】｜【对齐】	Shift+F7	控制	Ctrl+Alt+6	链接	Ctrl+Shift+D
描边	F10	图层	F7	【文字和表】｜【表】	Shift+F9
【文字和表】｜【段落】	Ctrl+Alt+T	【文字和表】｜【字符】	Ctrl+T	【文字和表】｜【字形】	Alt+Shift+F11
效果	Ctrl+Shift+F10	【颜色】｜【色板】	F5	【颜色】｜【颜色】	F6
【样式】｜【段落样式】	F11	【样式】｜【对象样式】	Ctrl+F7	【样式】｜【字符样式】	Shift+F11
页面	F12				

工具

续表

选择工具	V，Esc	直接选择工具	A	页面工具	Shift+P
文字工具	T	路径文字工具	Shift+T	直线工具	\
钢笔工具	P	添加锚点工具	=	删除锚点工具	-
转换方向点工具	Shift+C	铅笔工具	N	矩形工具	M
椭圆工具	L	剪刀工具	C	自由变换工具	E
旋转工具	R	缩放工具	R	切变工具	O
渐变色板工具	G	渐变羽化工具	Shift+G	吸管工具	I
抓手工具	H	缩放显示工具	Z	正常／预览	W

参　考　文　献

[1] CAD/CAM/CAE 技术联盟 . AutoCAD 2014 室内装潢设计自学视频教程 [M]. 北京：清华大学出版社，2014.

[2] CAD 辅助设计教育研究室 . 中文版 AutoCAD 2014 建筑设计实战从入门到精通 [M]. 北京：人民邮电出版社，2015.

[3] 姜洪侠，张楠楠 . Photoshop CC 图形图像处理标准教程 [M]. 北京：人民邮电出版社，2016.